Meus Fractais Favoritos
Volume 2
por David E. McAdams

As imagens deste livro foram criadas usando o Fractal Forge. O Fractal Forge pode ser baixado em https://sourceforge.net/projects/fractalforge/.

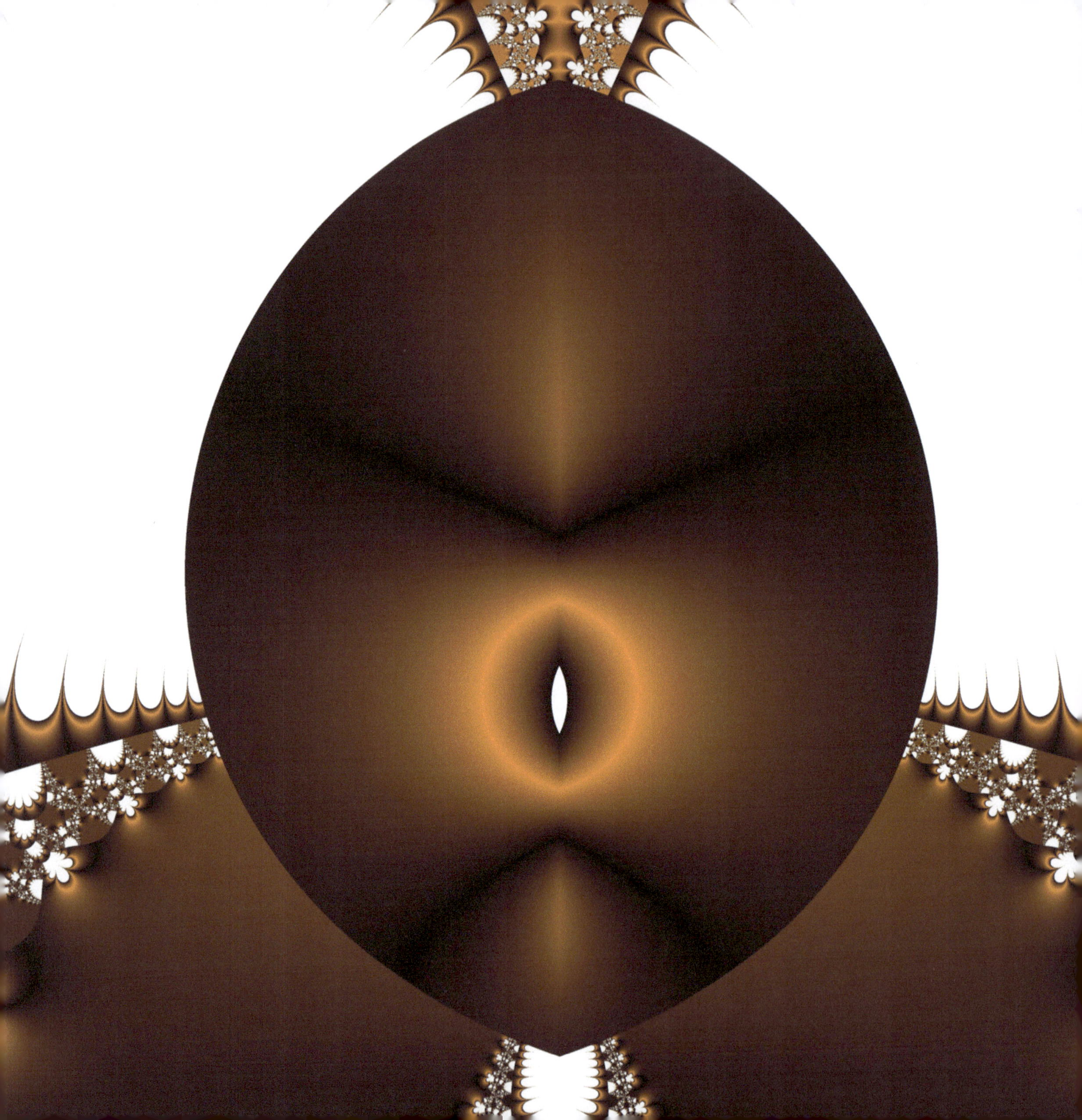

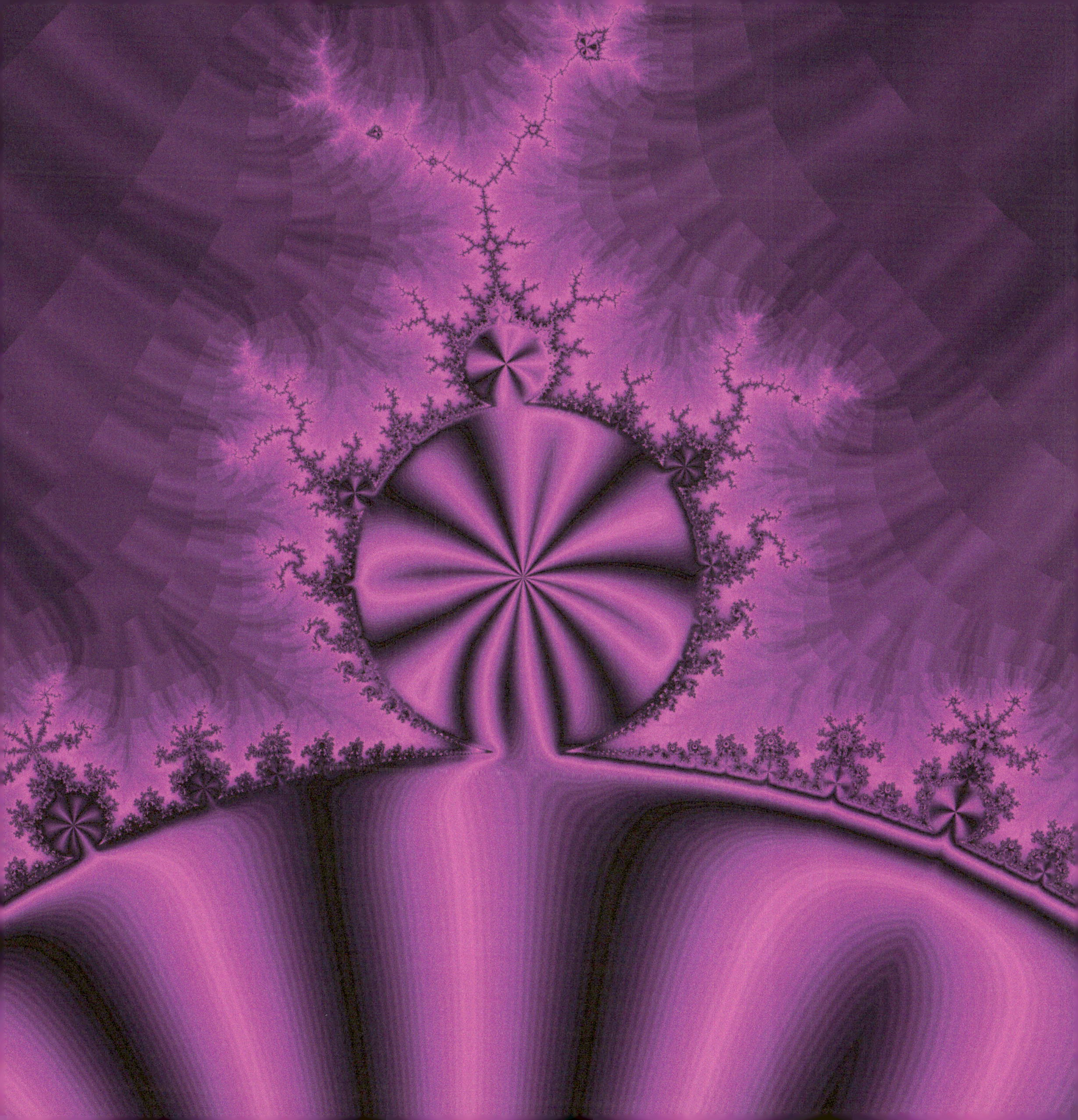

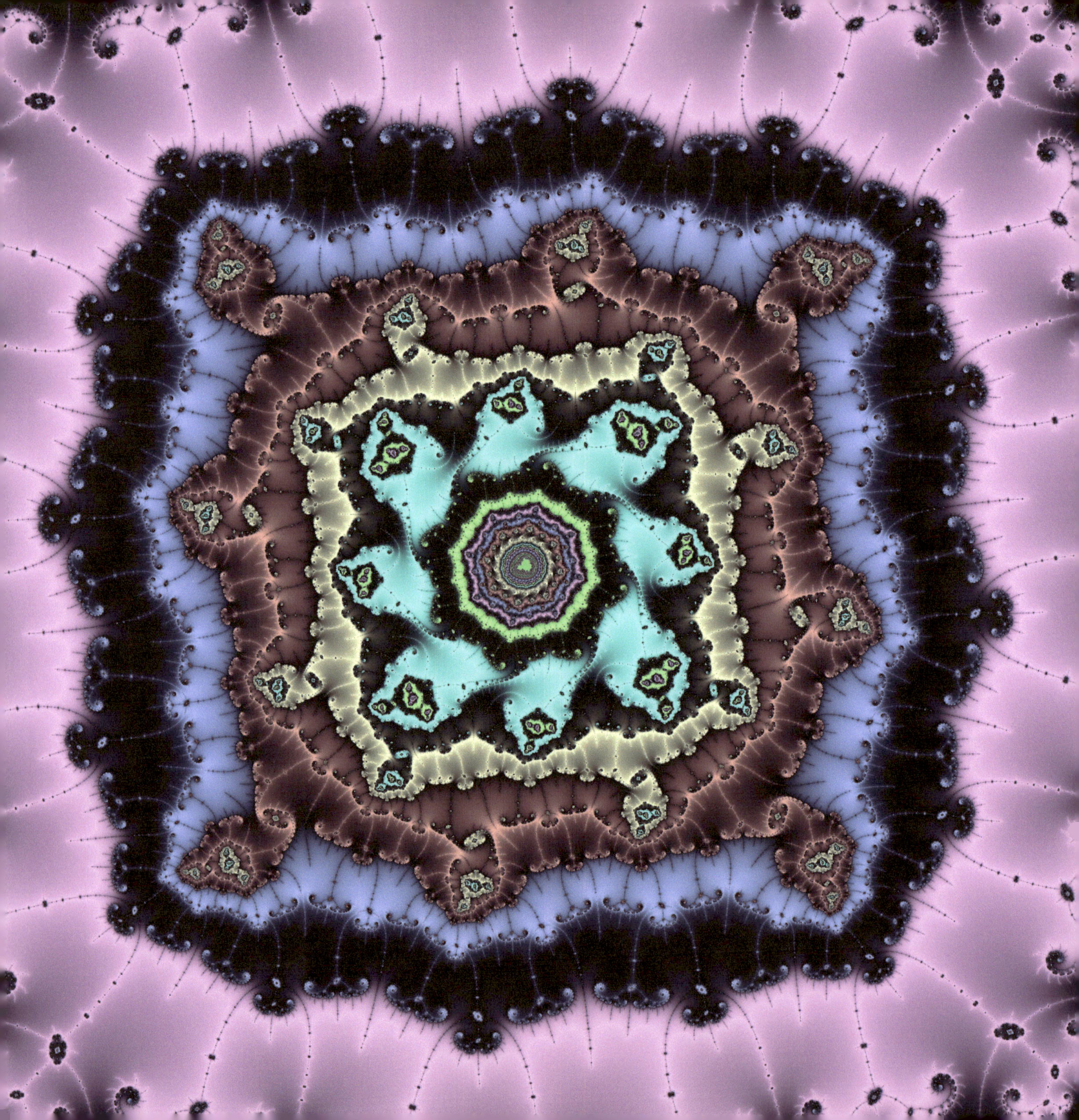

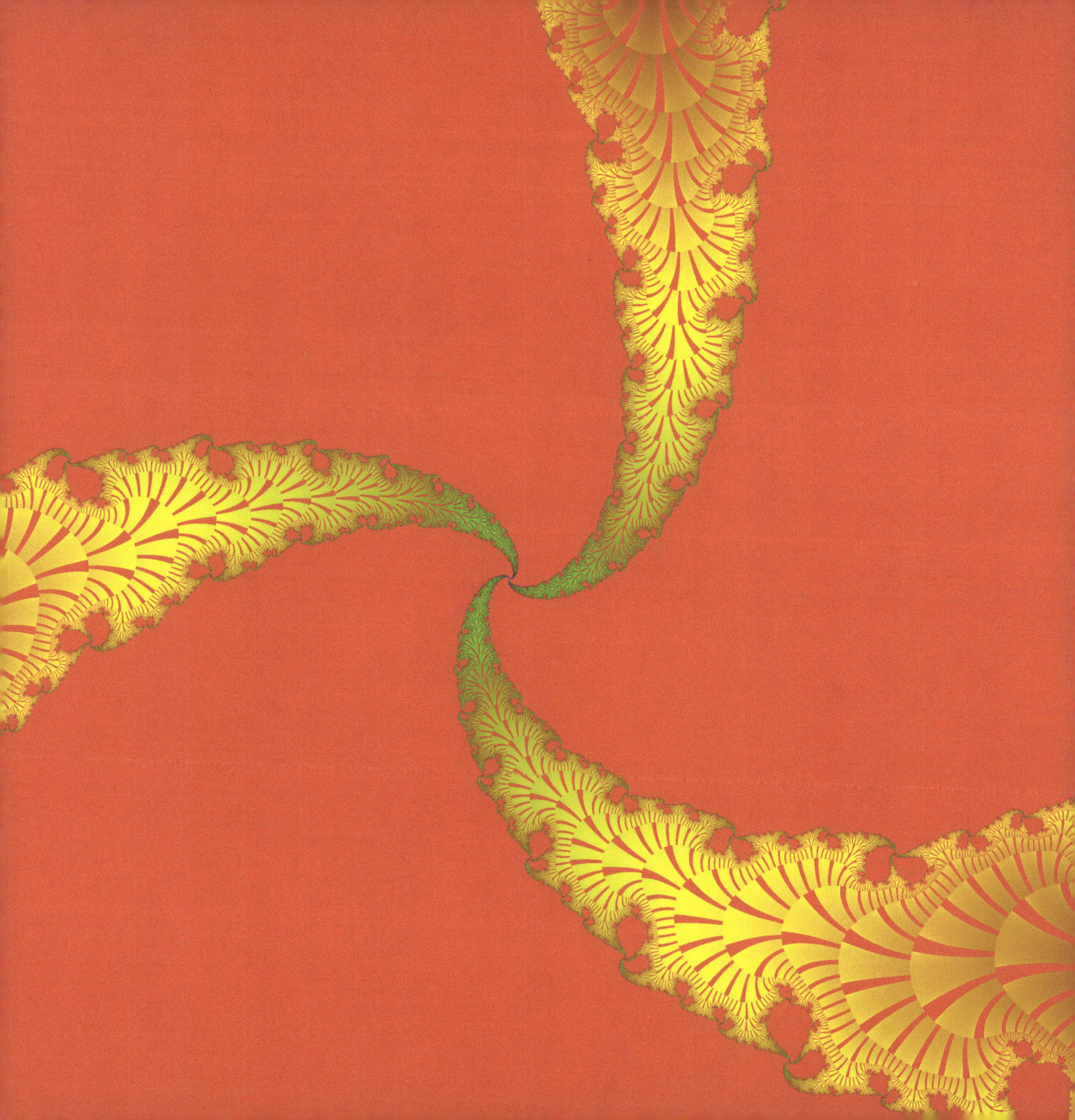

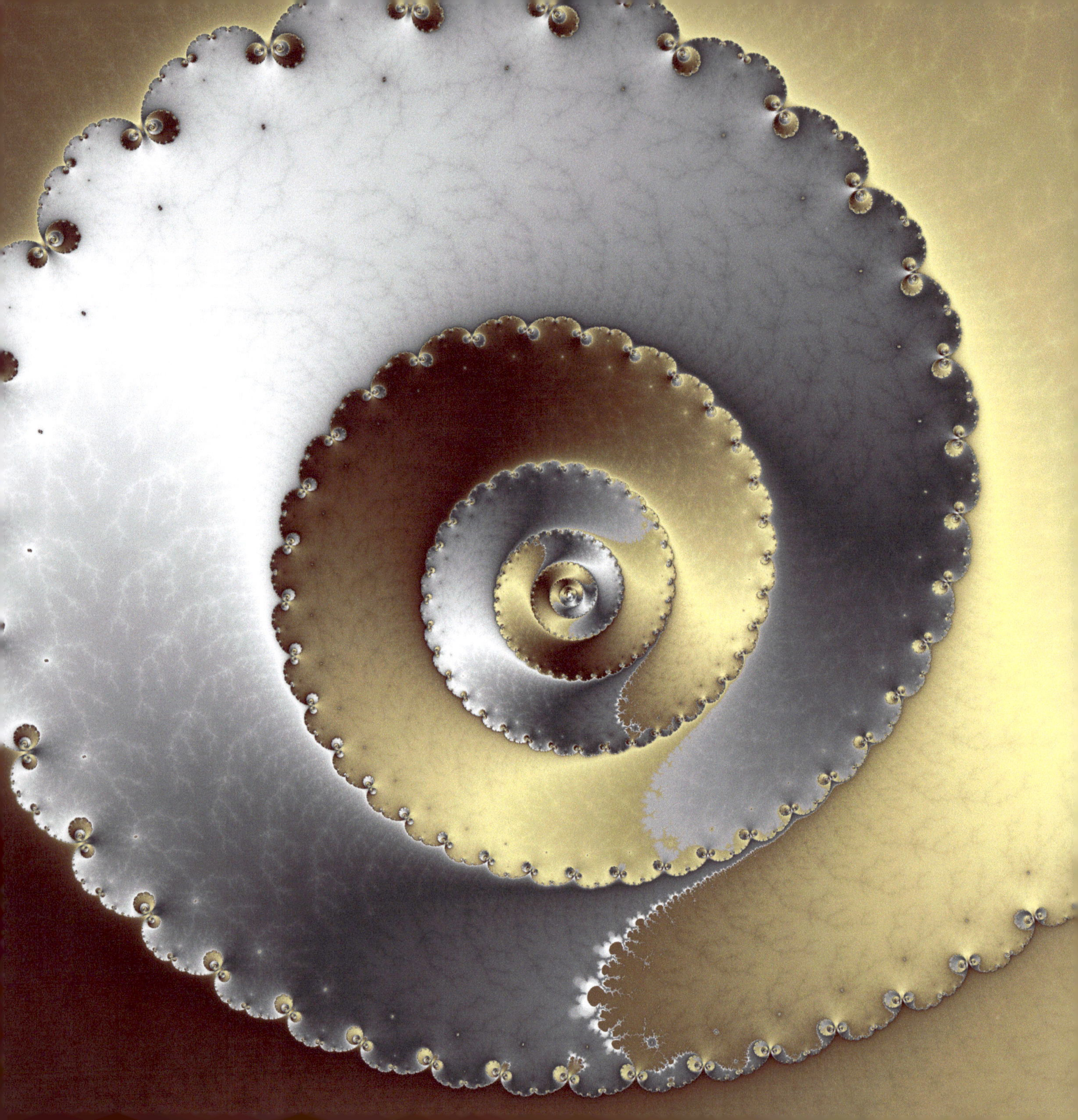

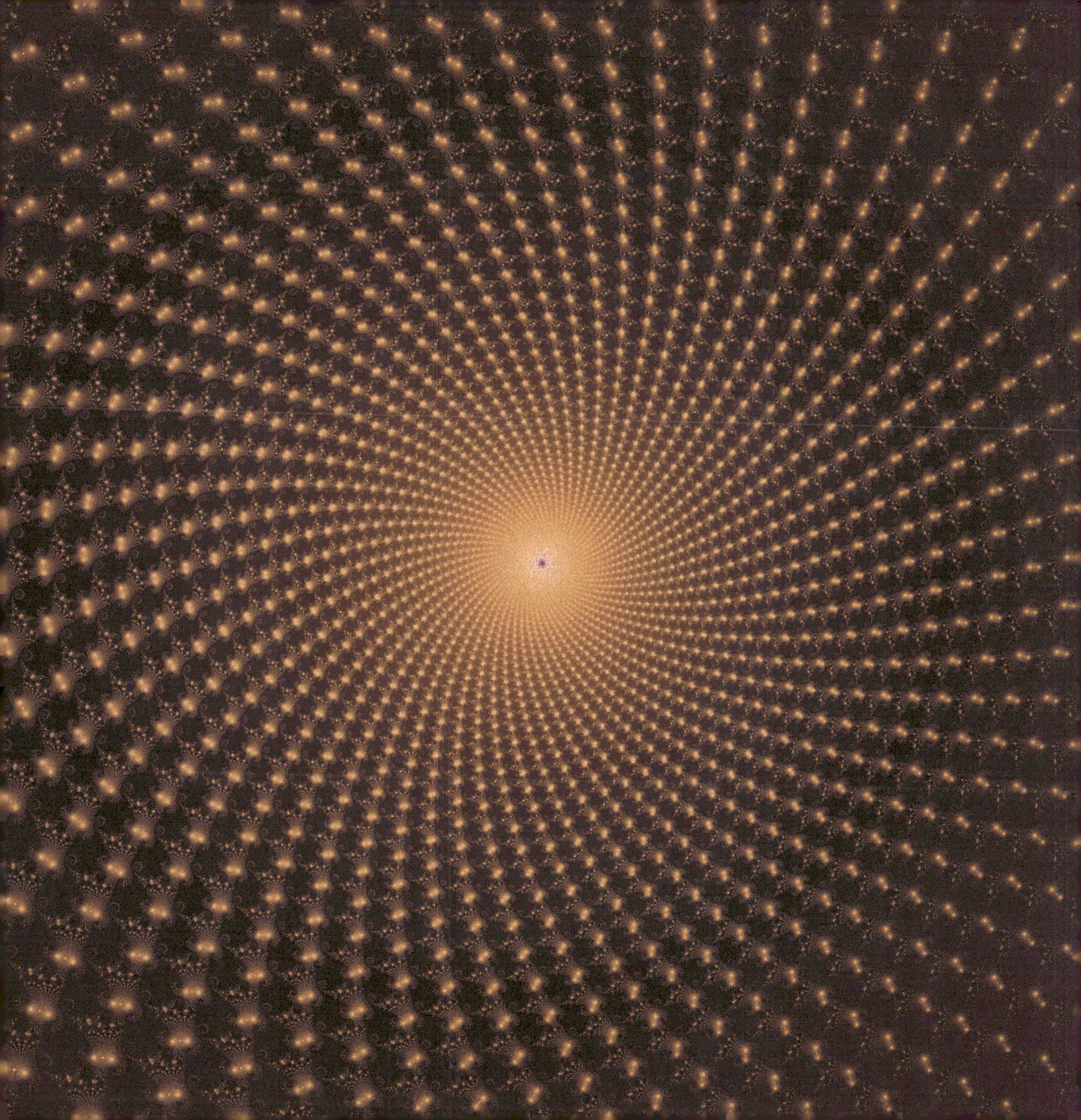

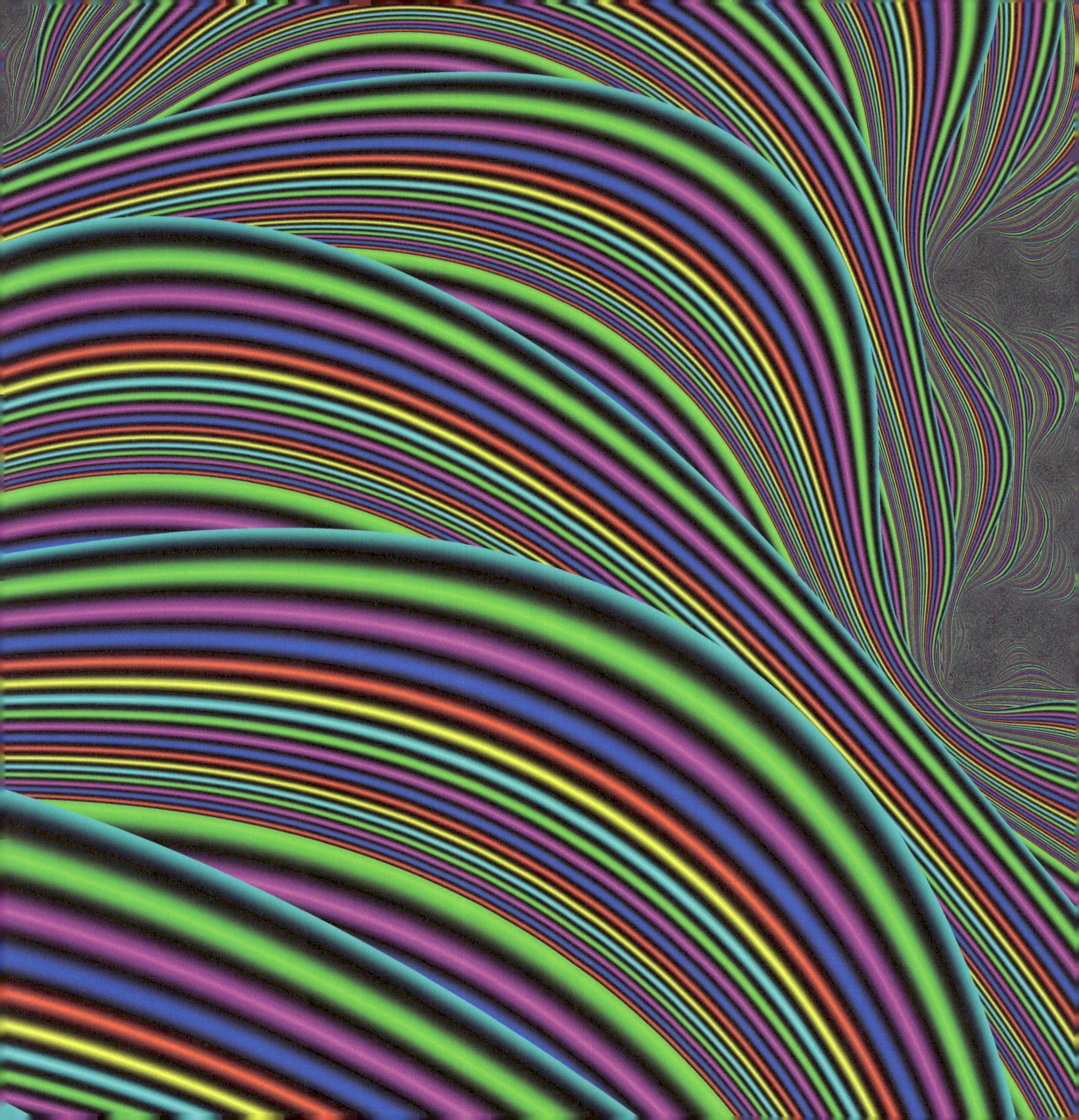

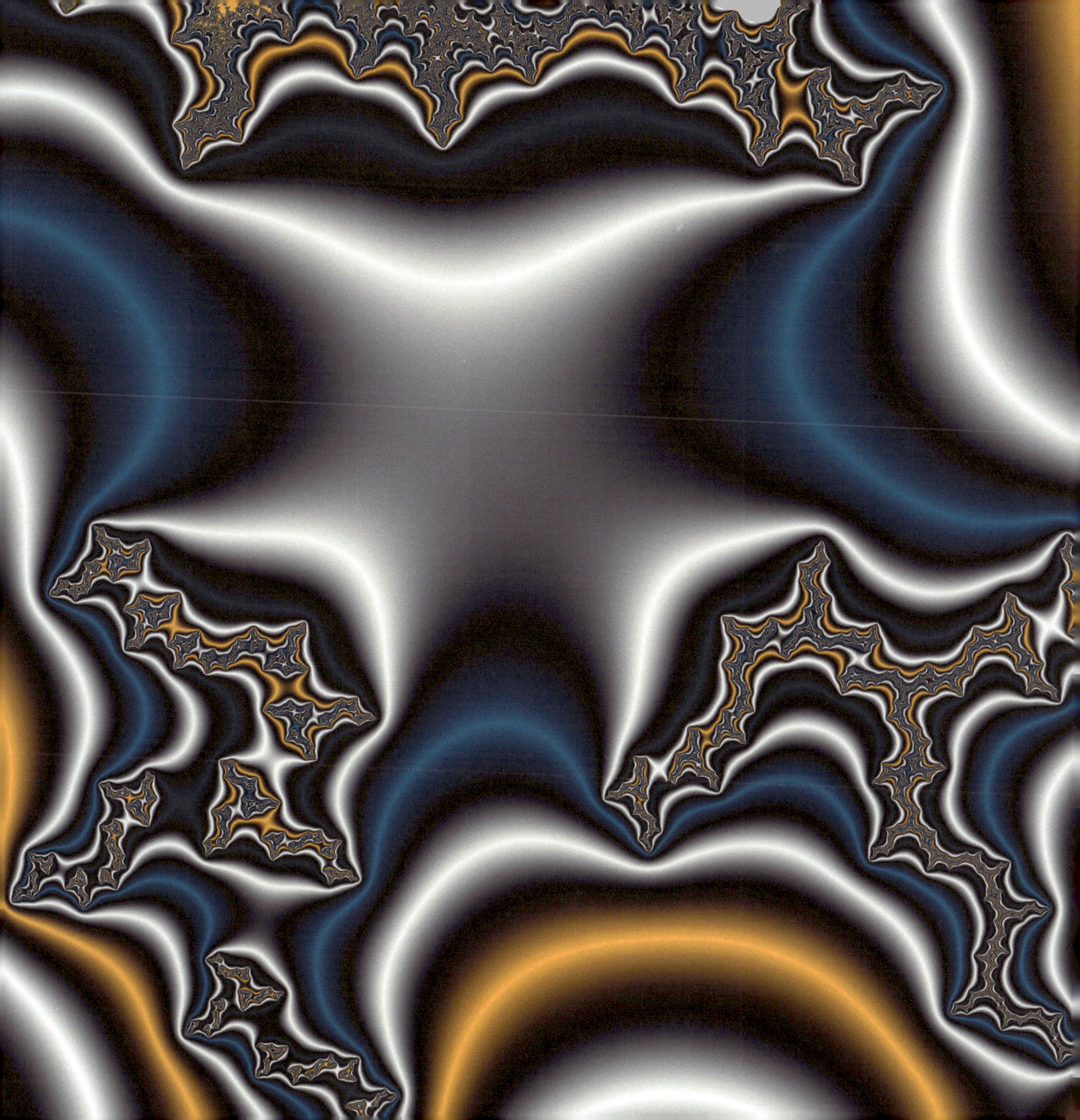

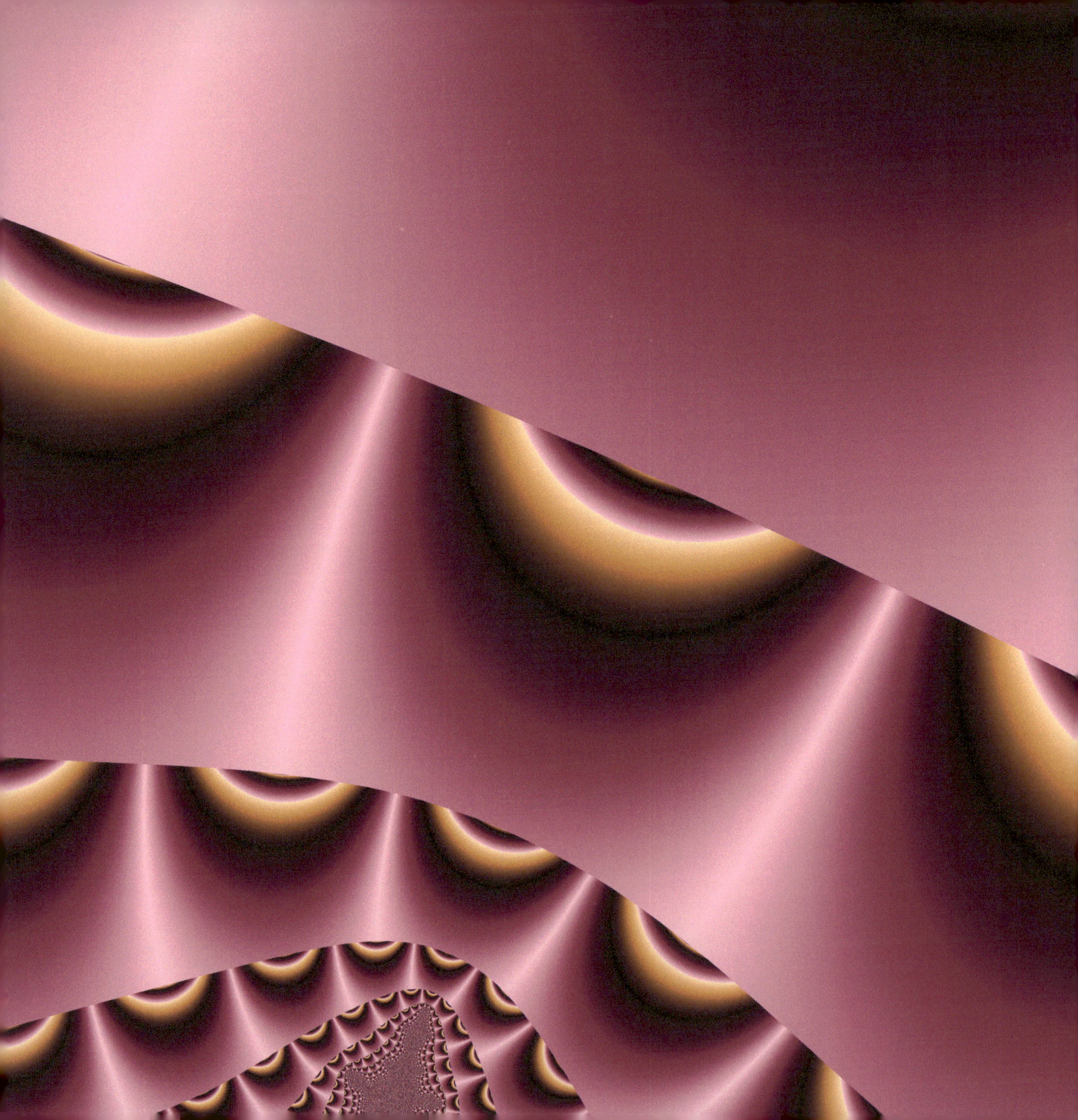

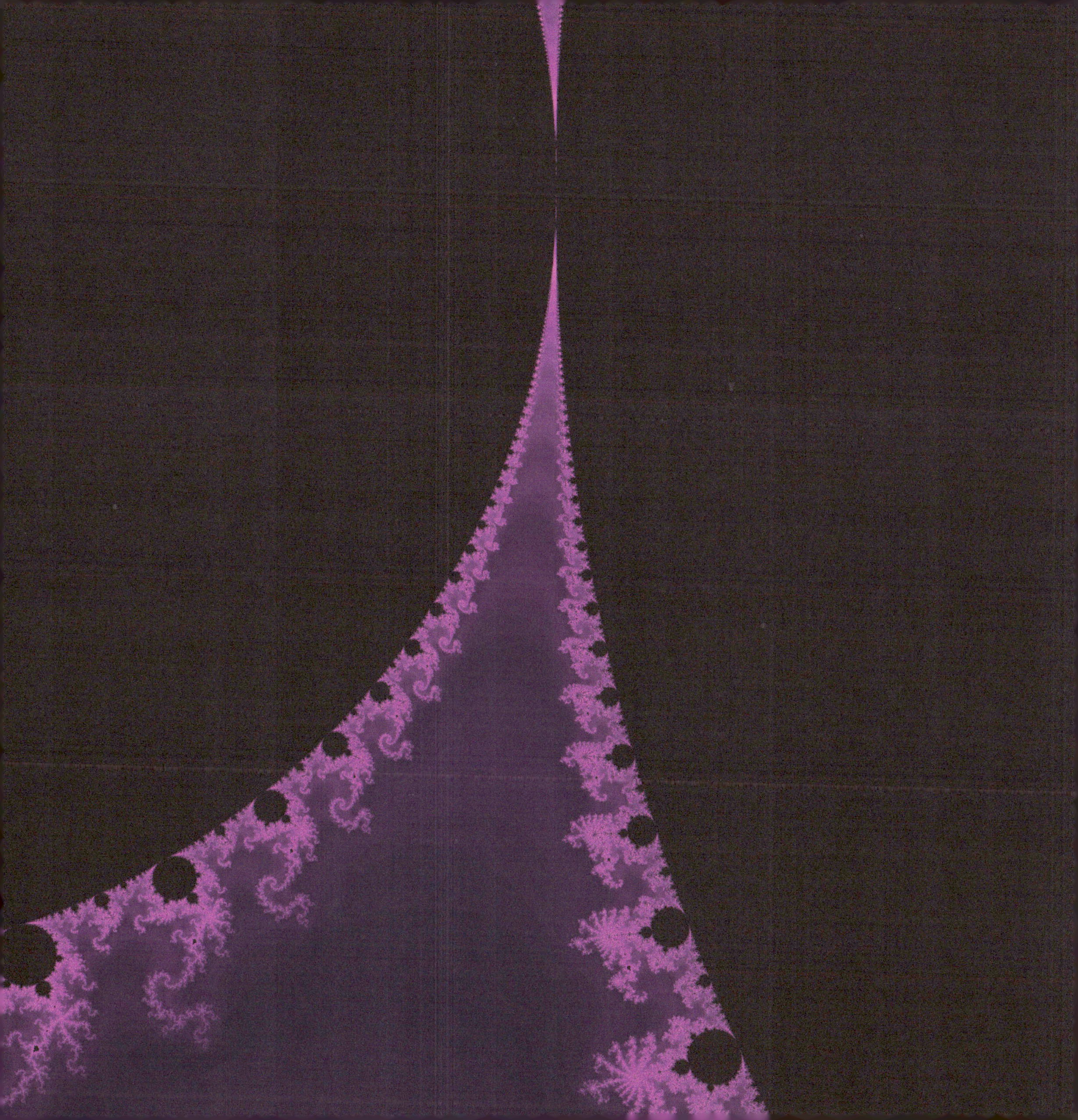

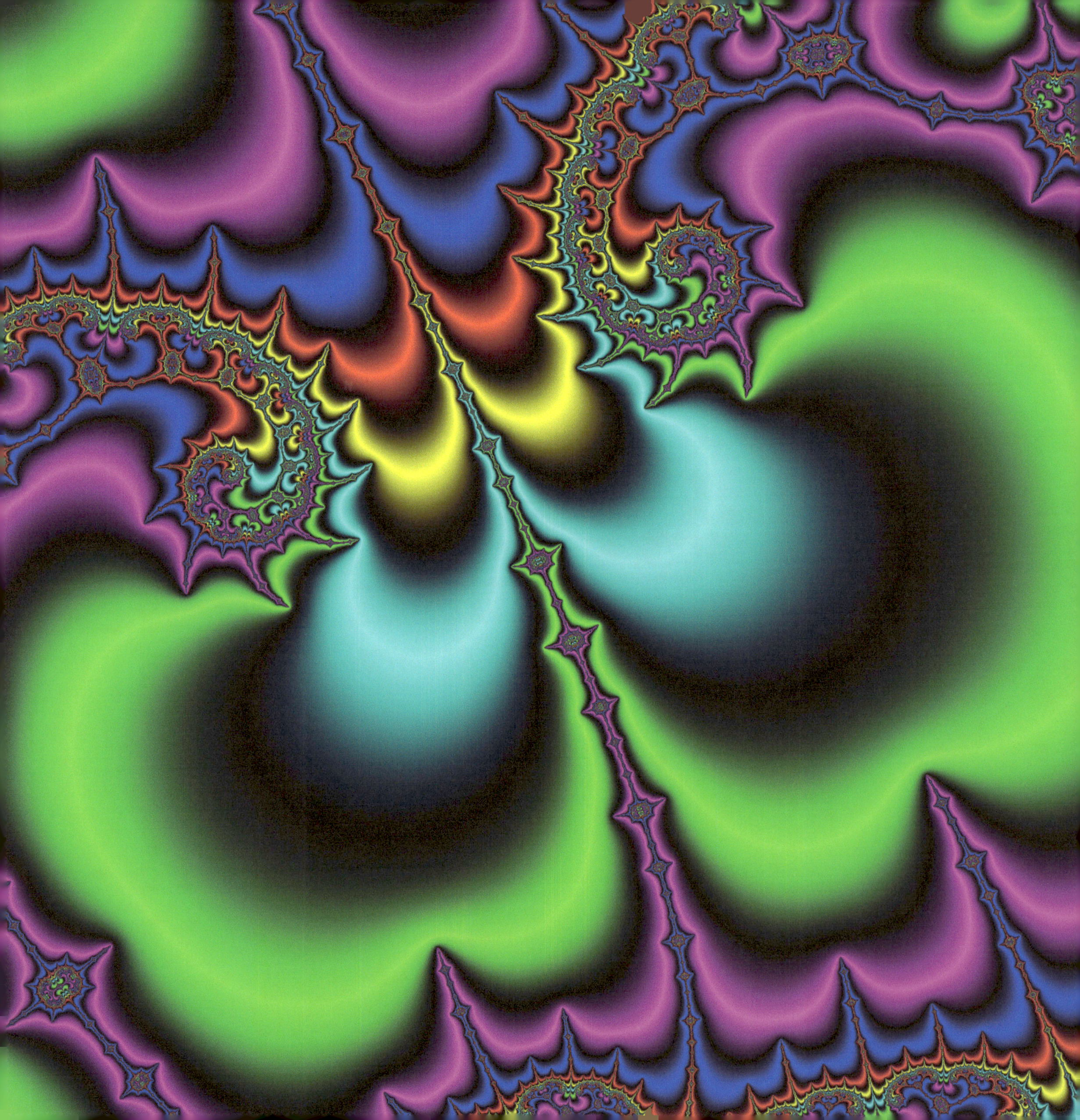

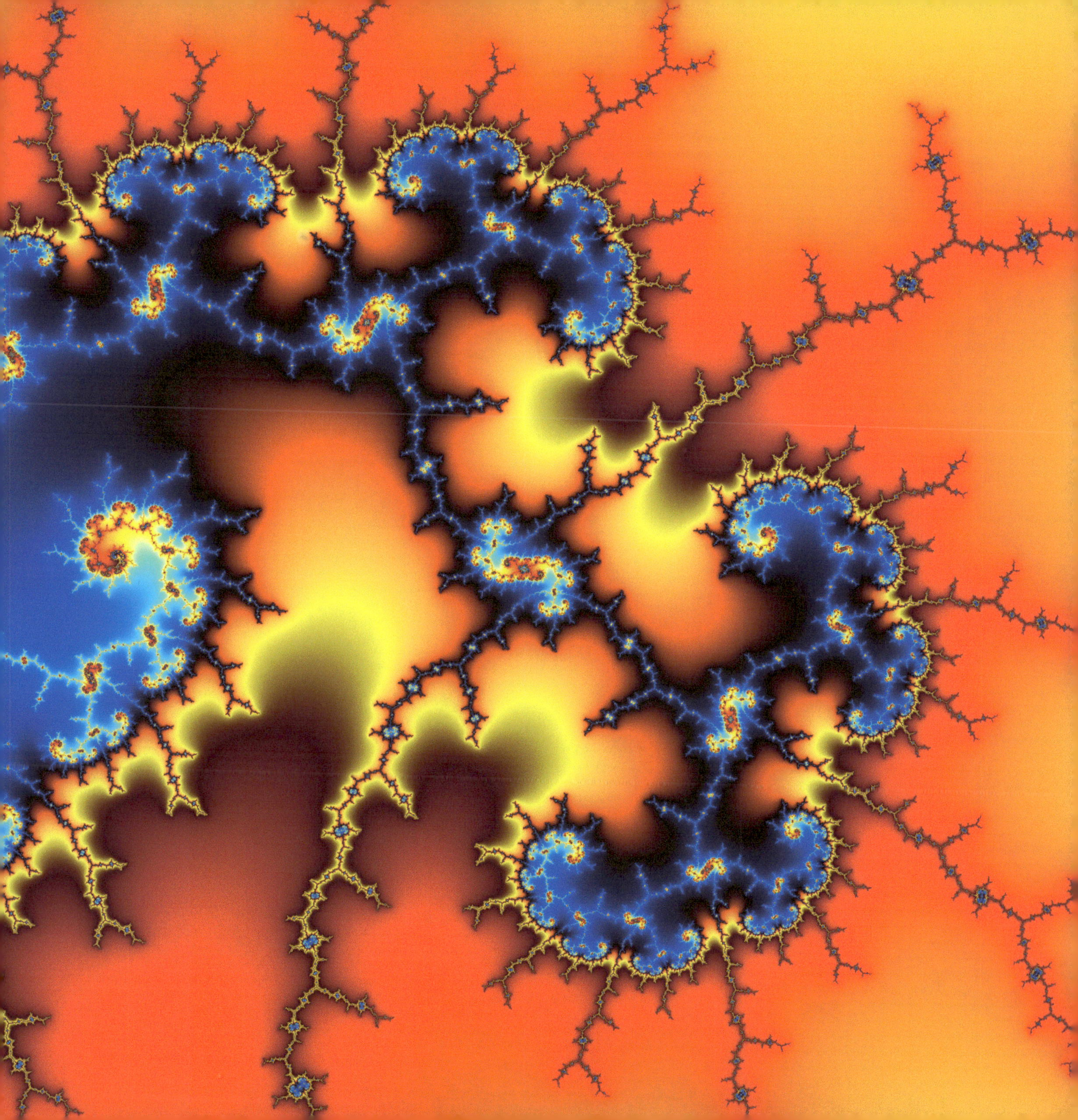

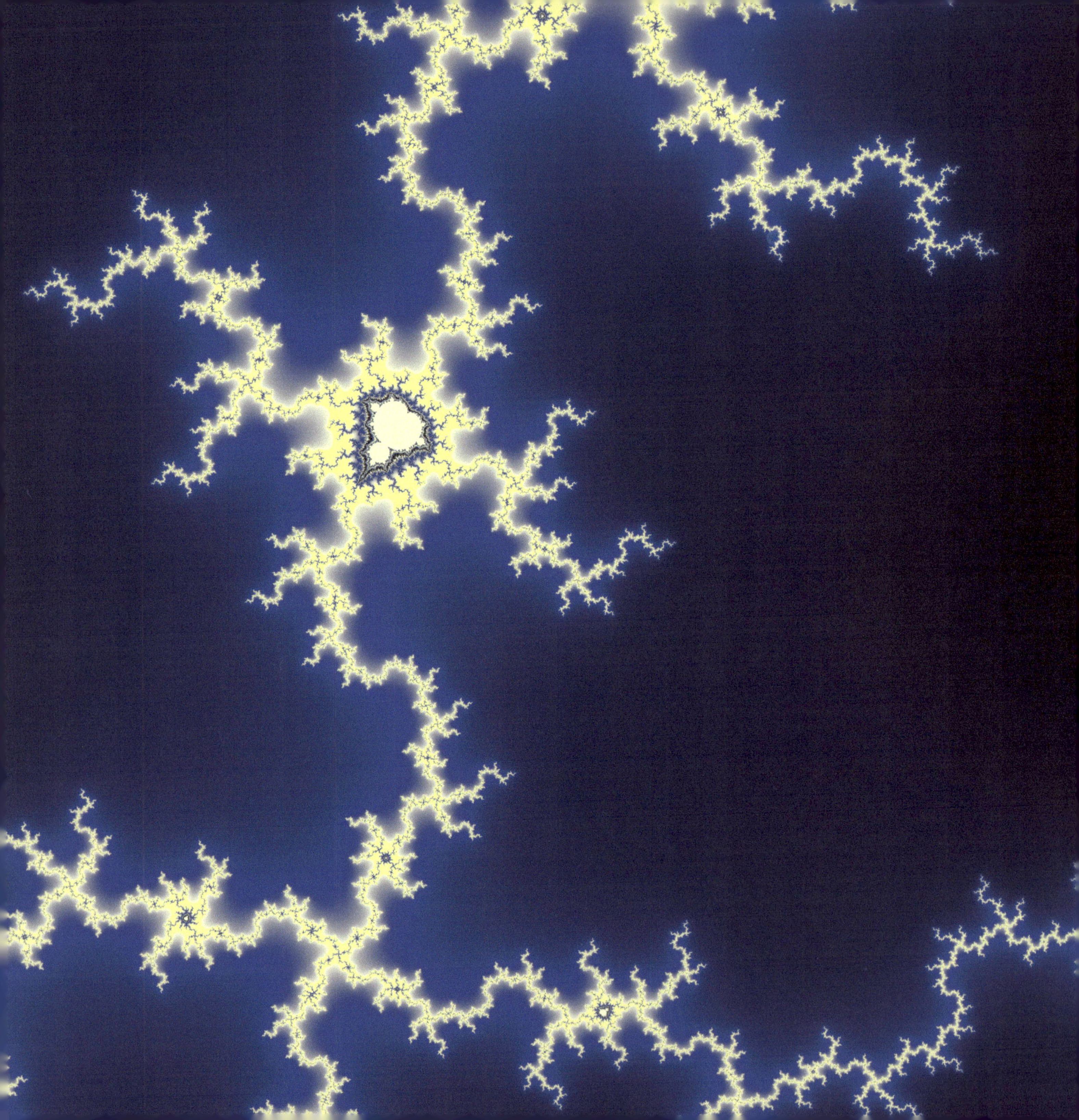

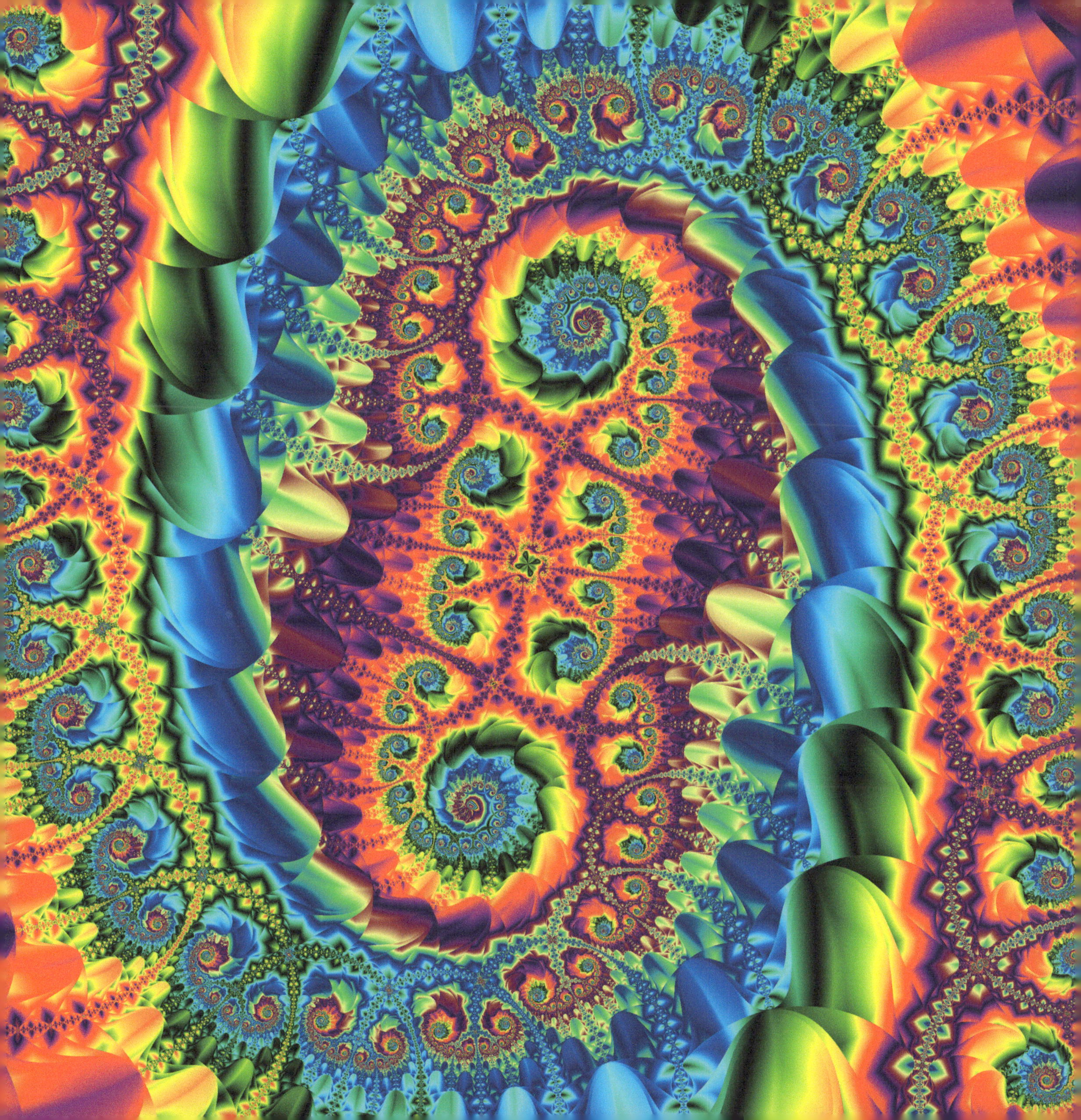

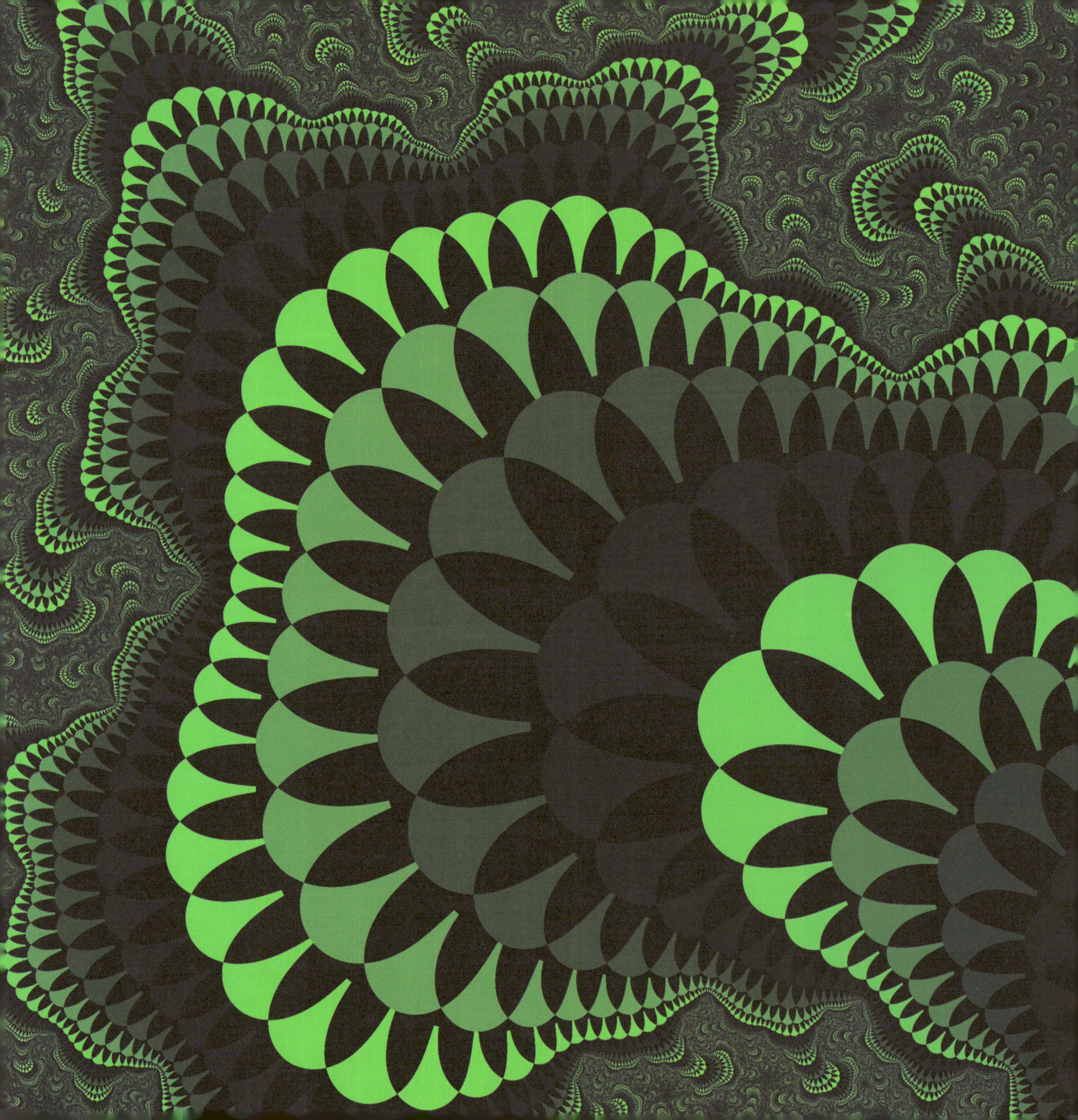

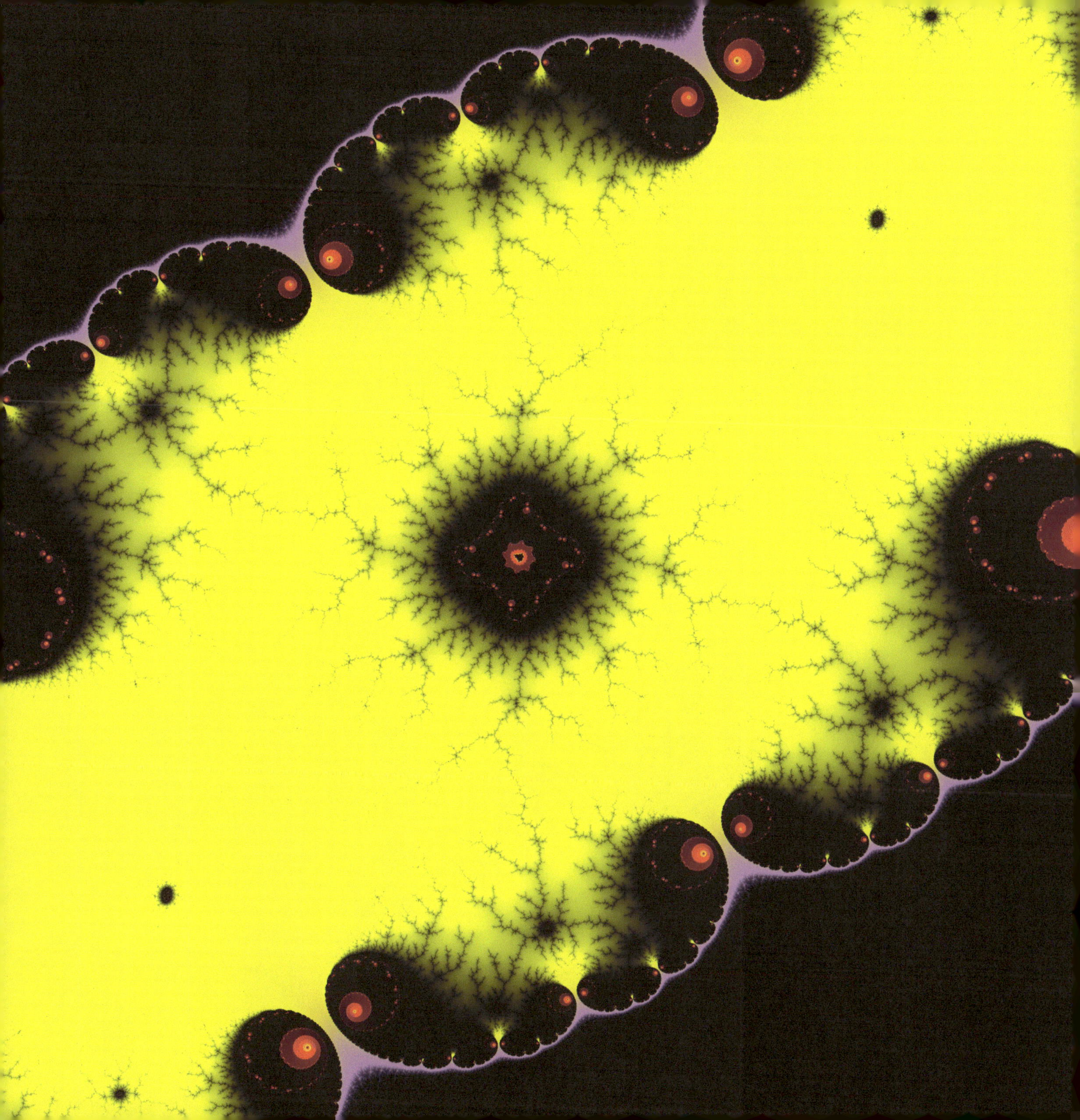

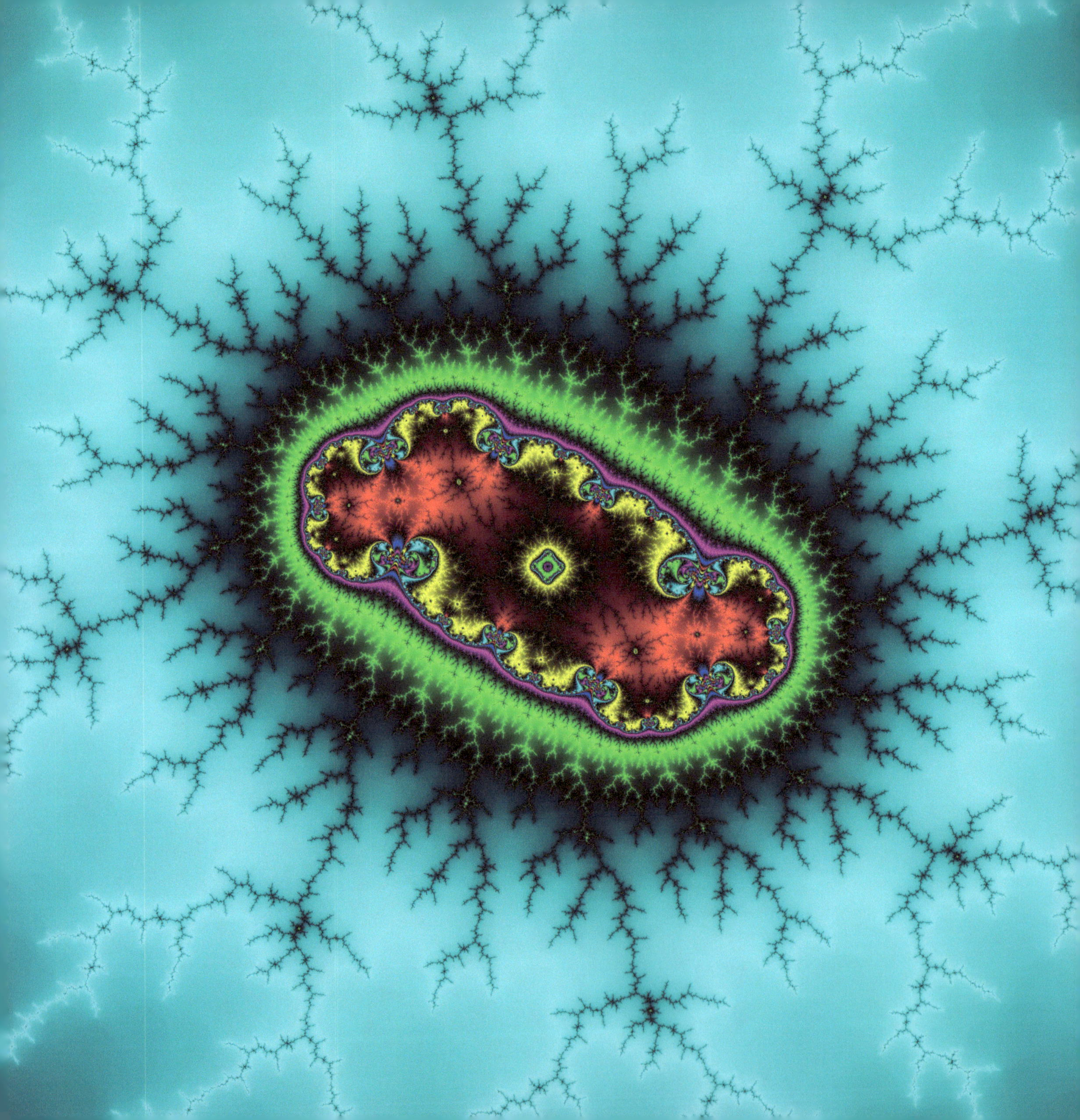

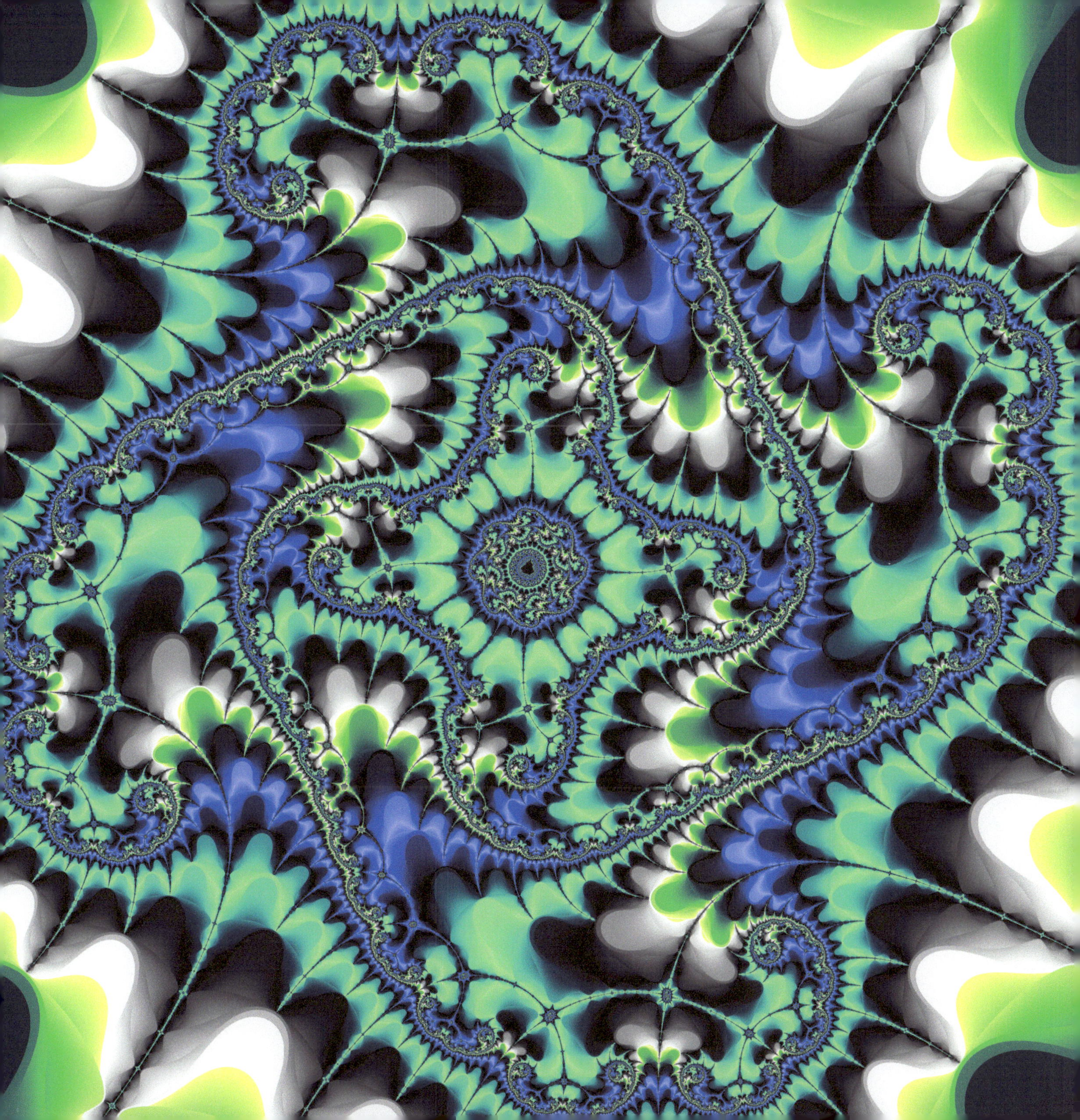

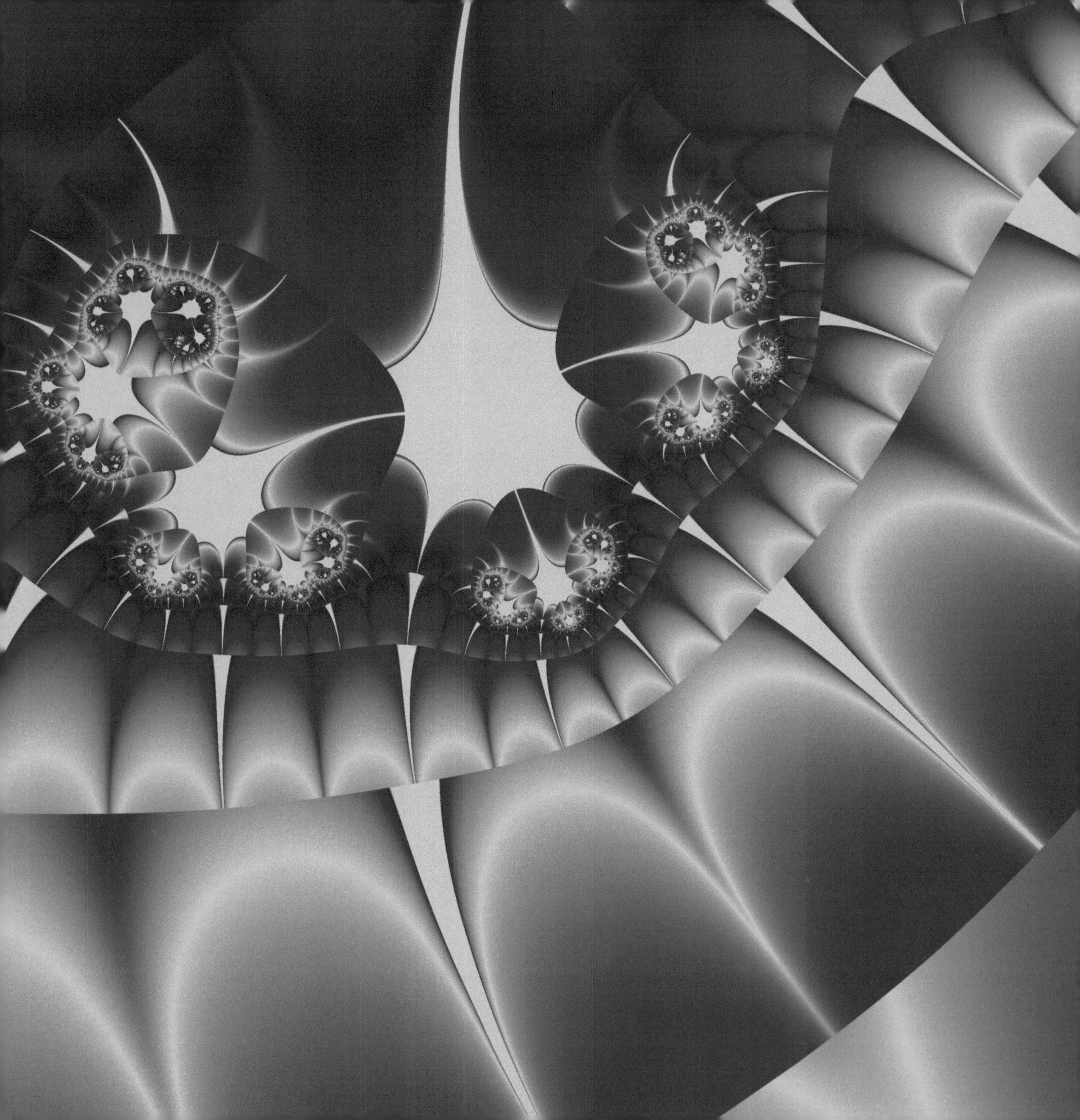

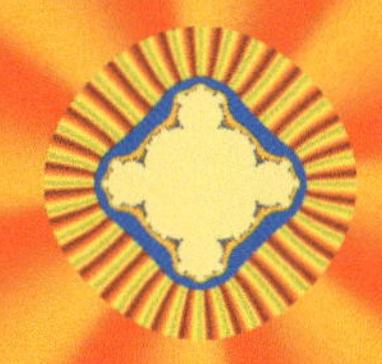

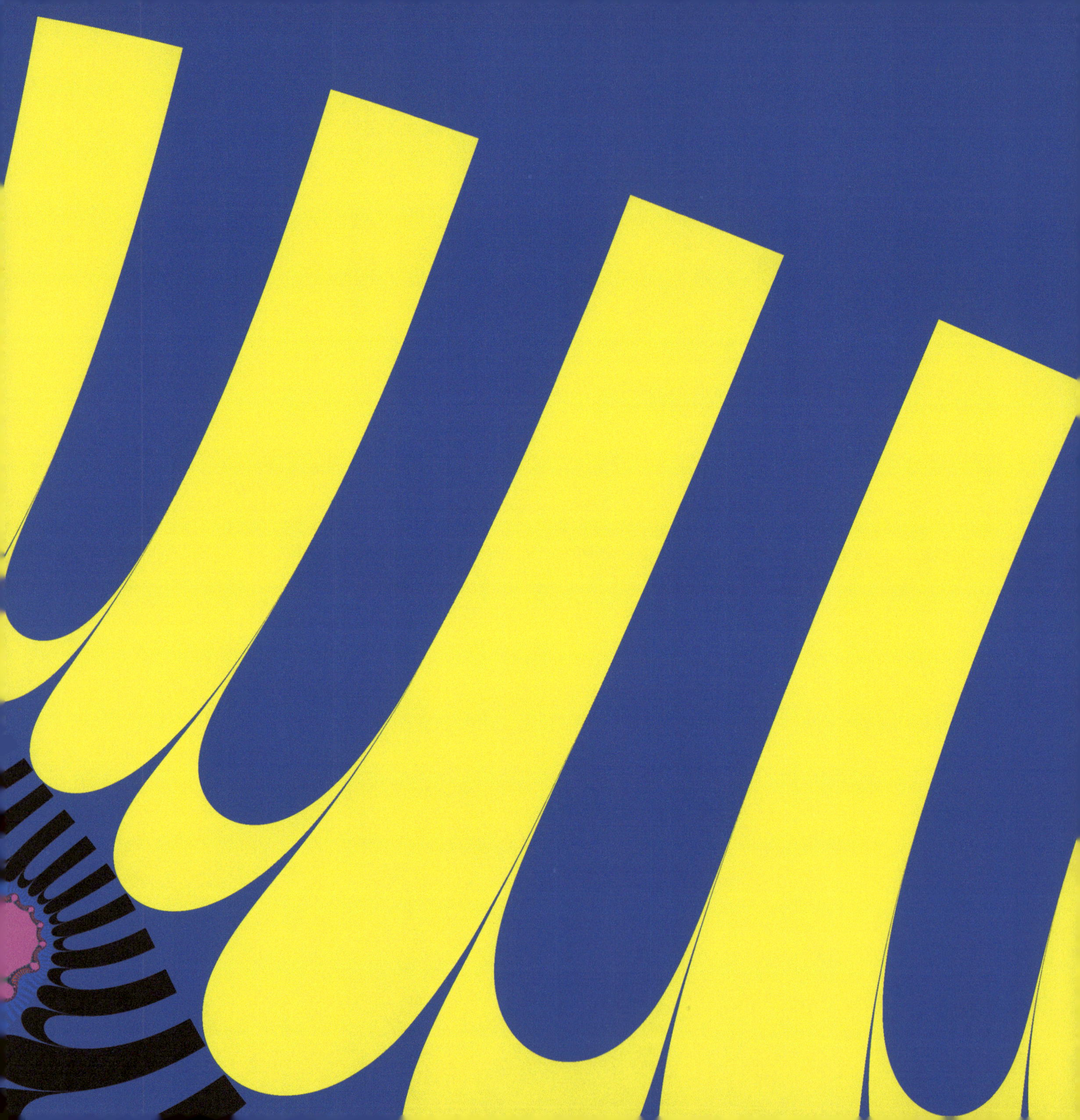

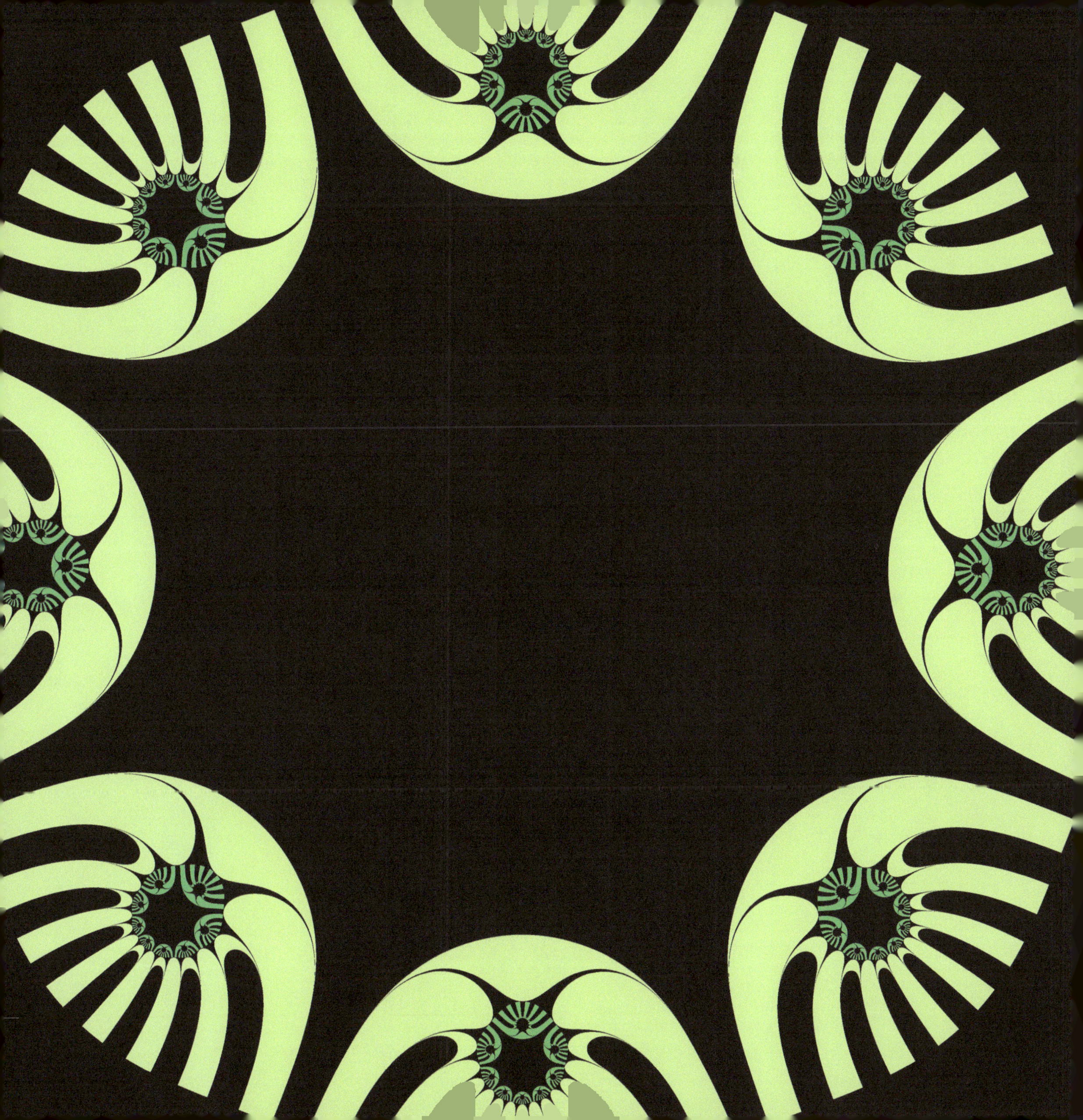

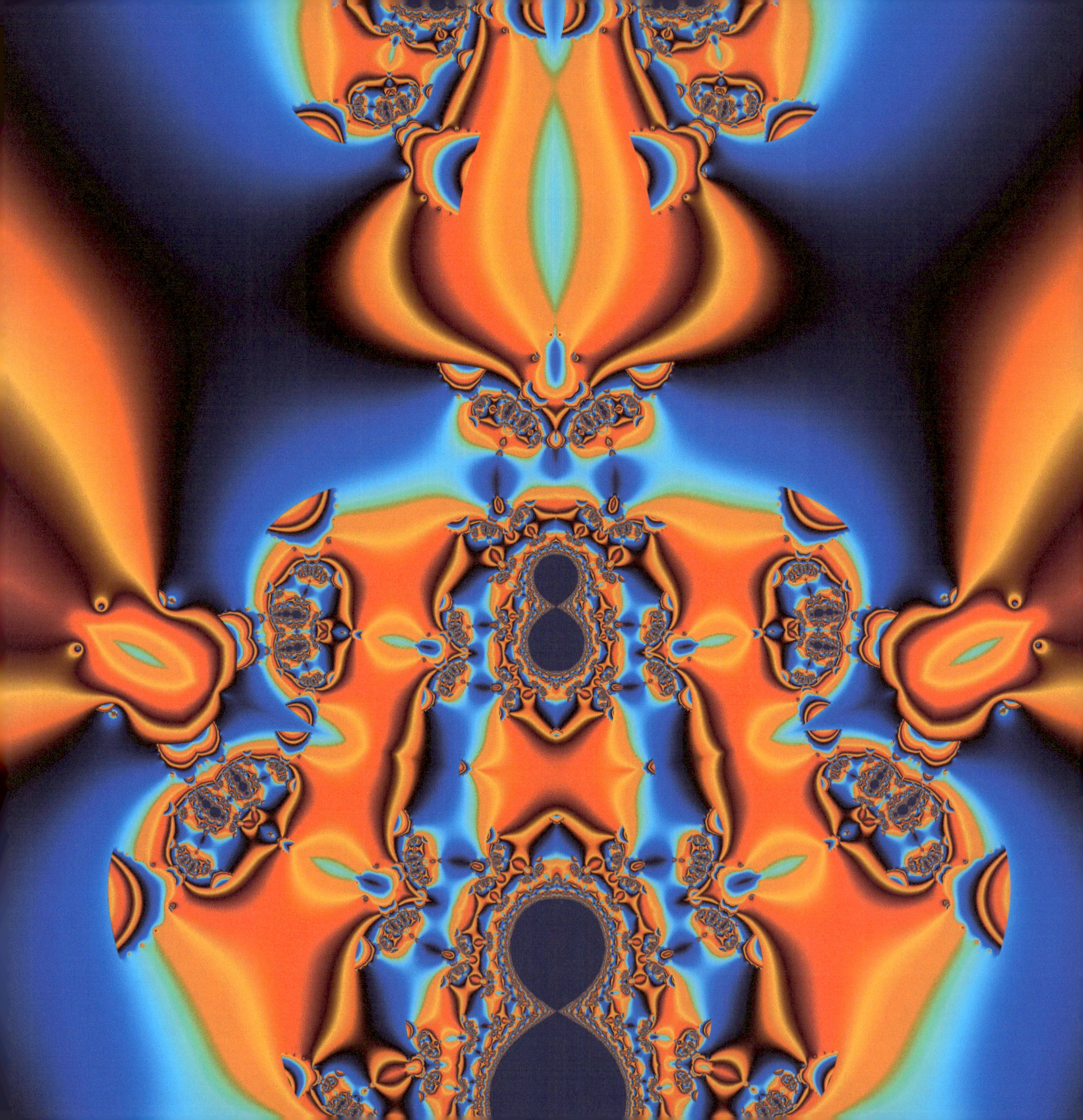

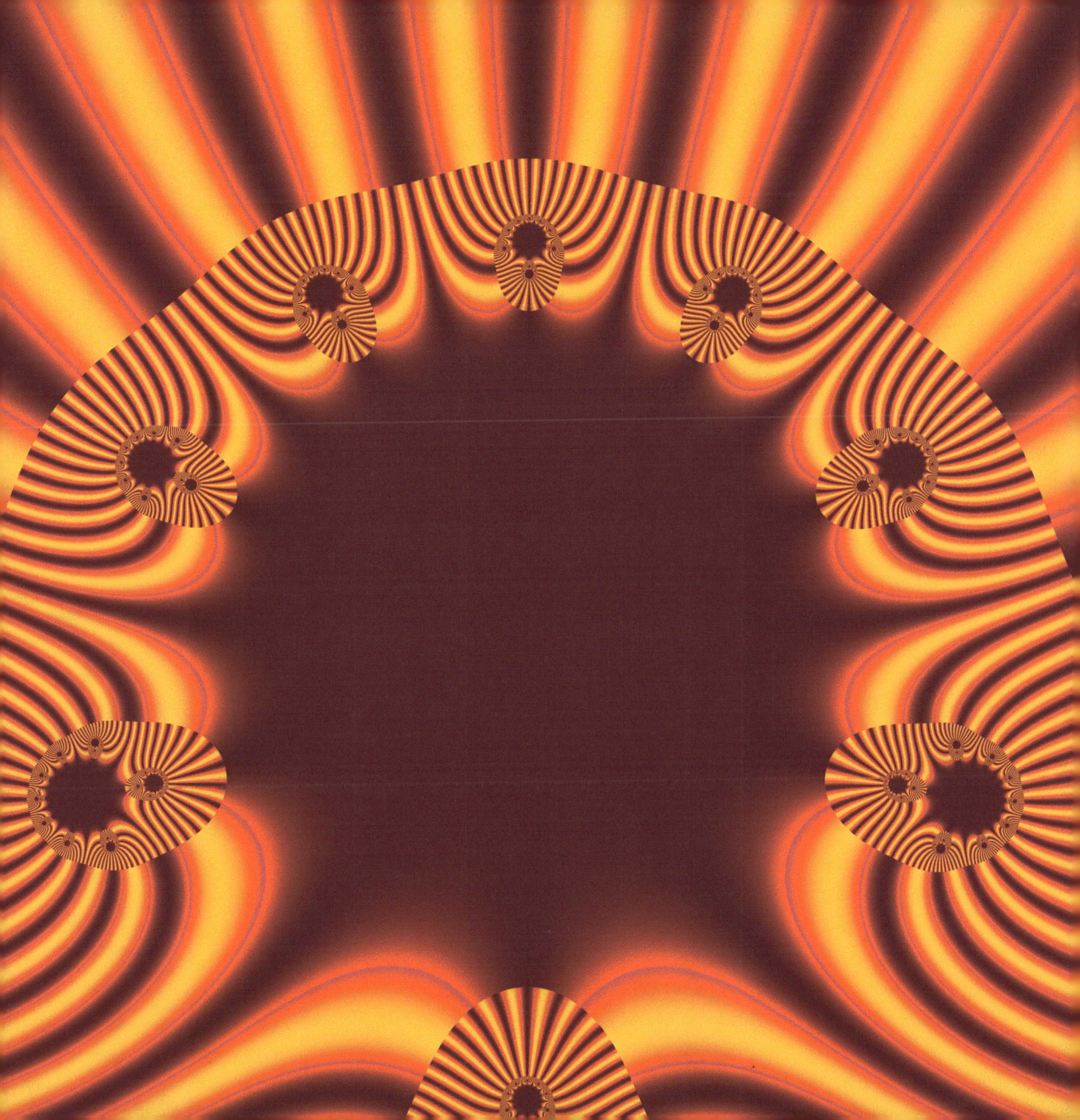

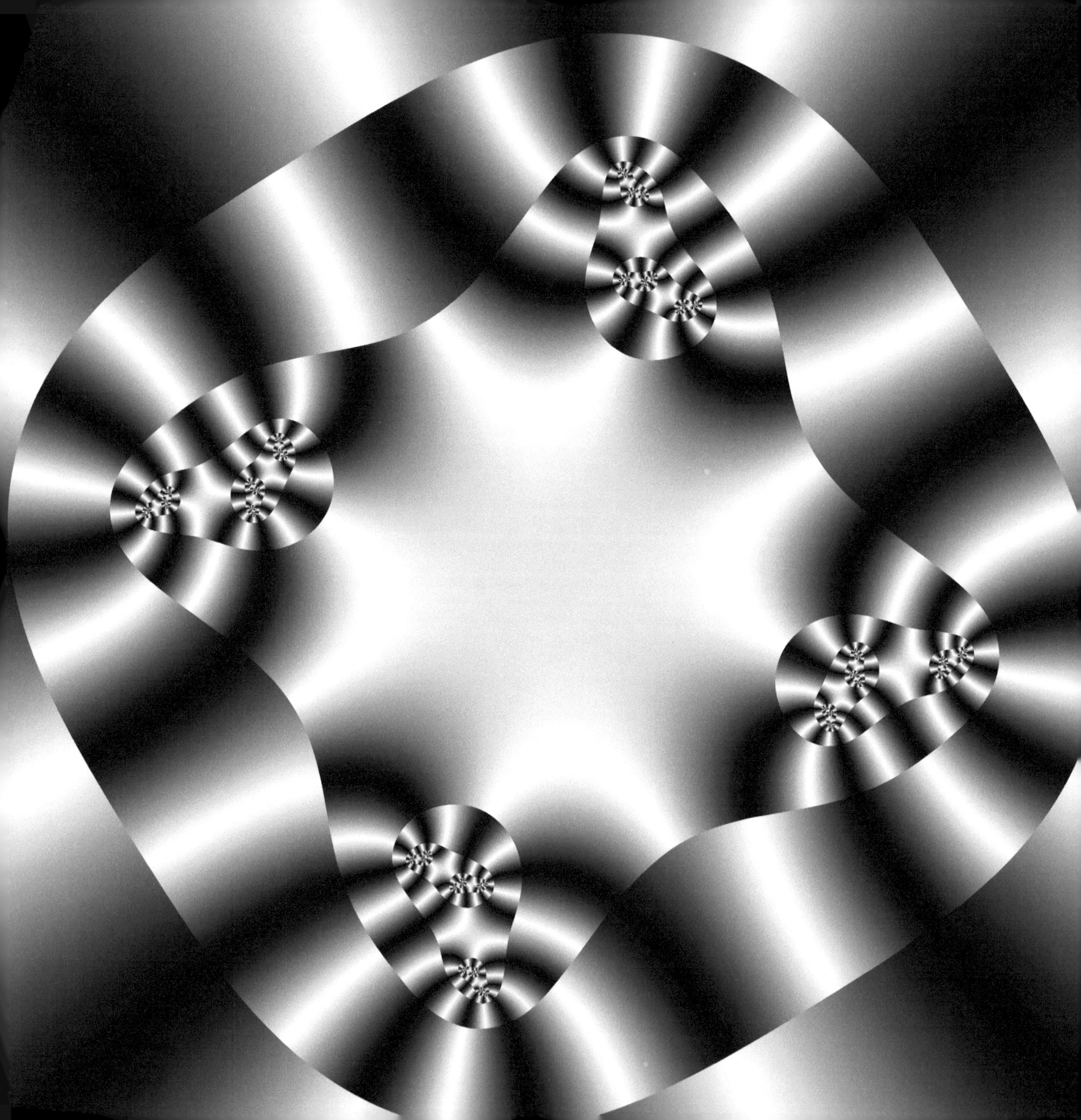

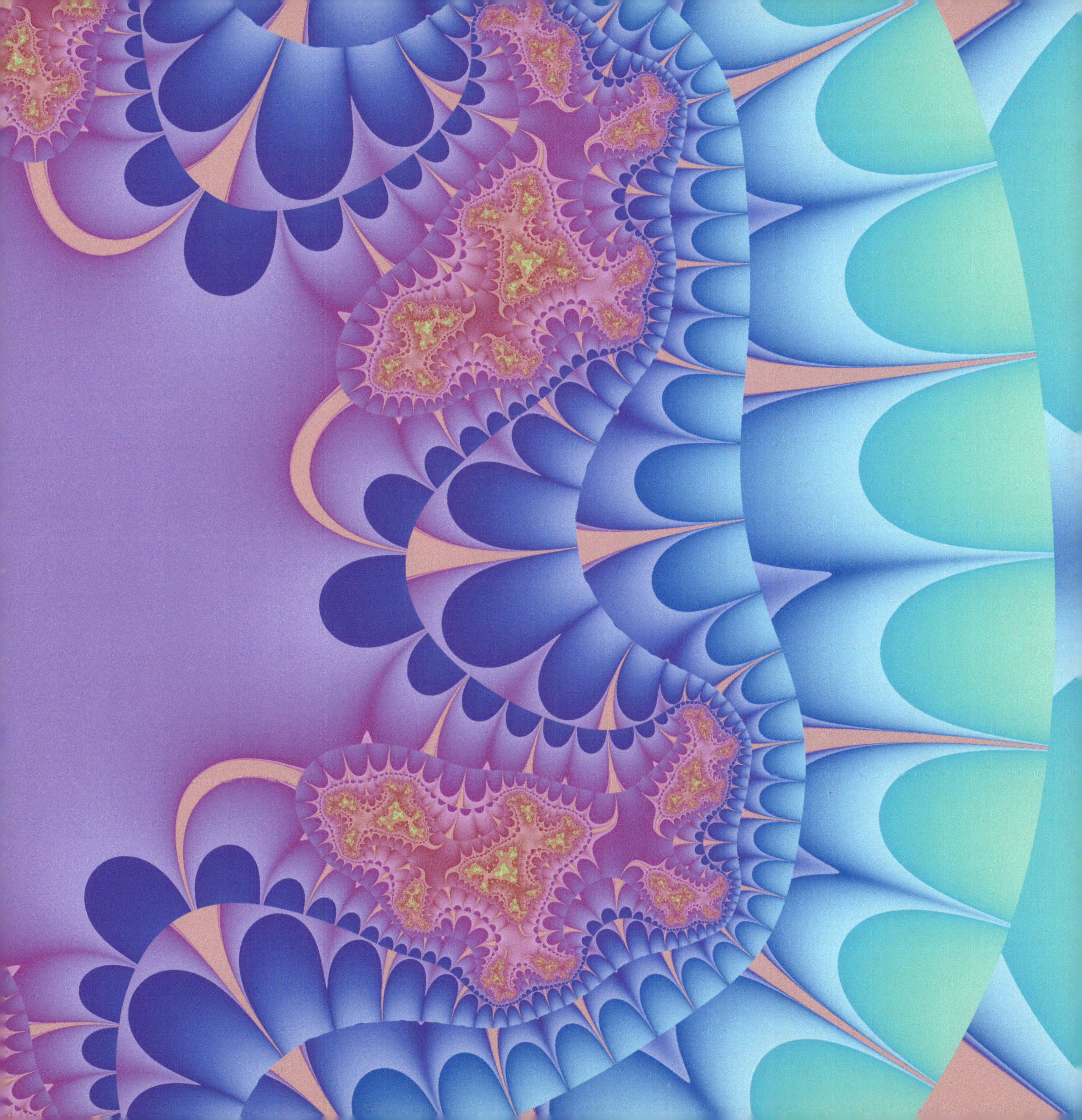

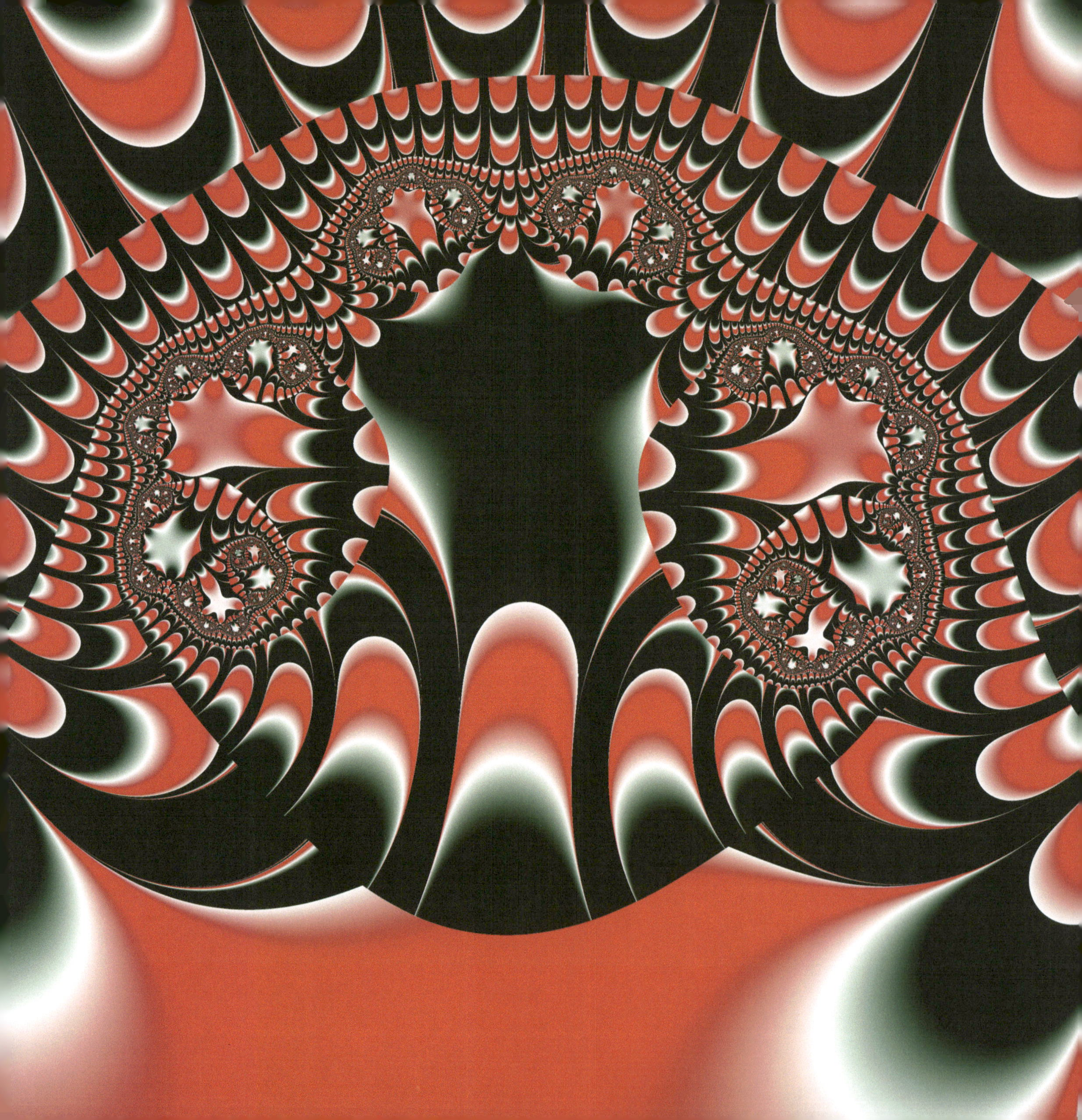

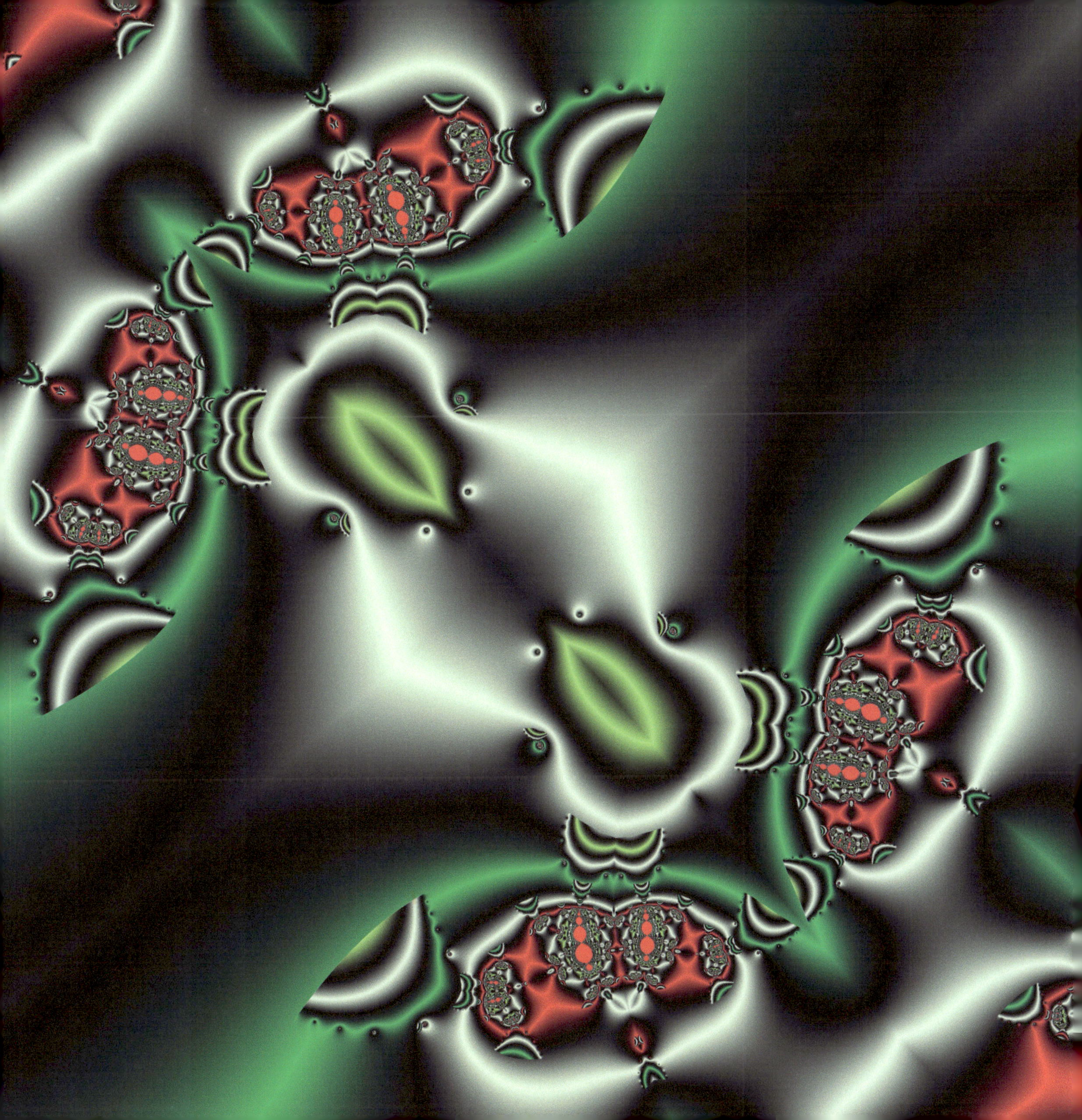

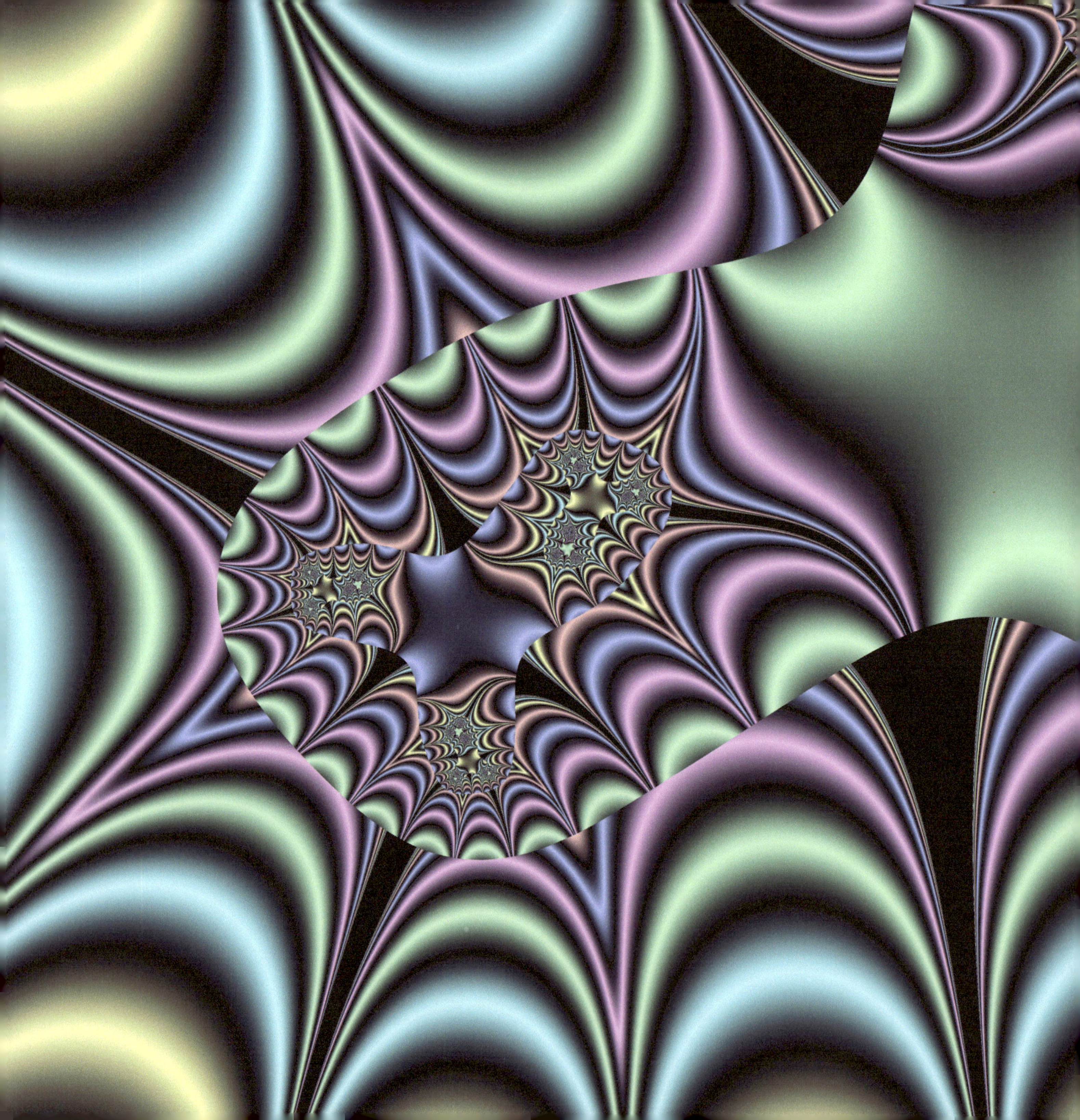

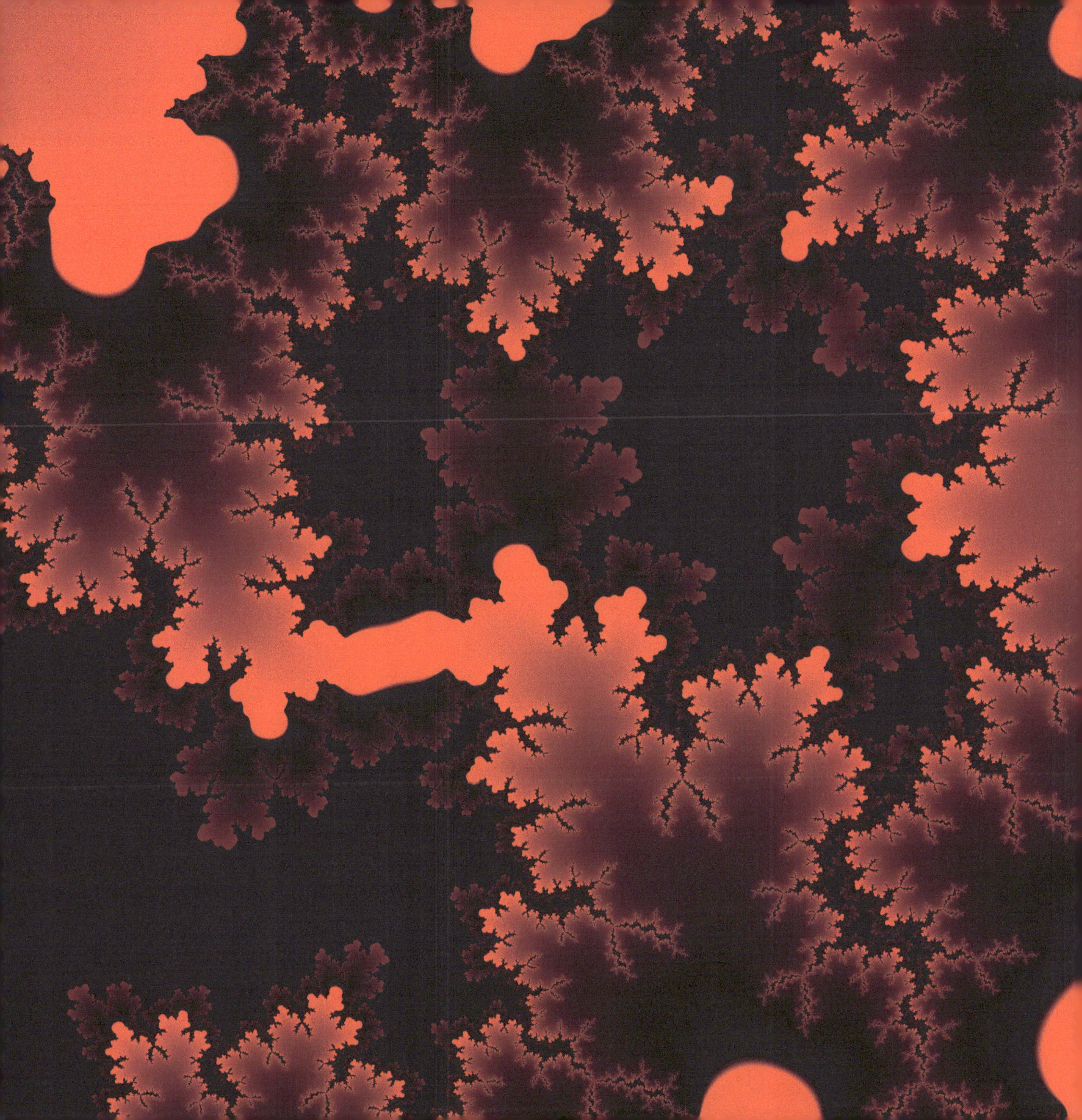

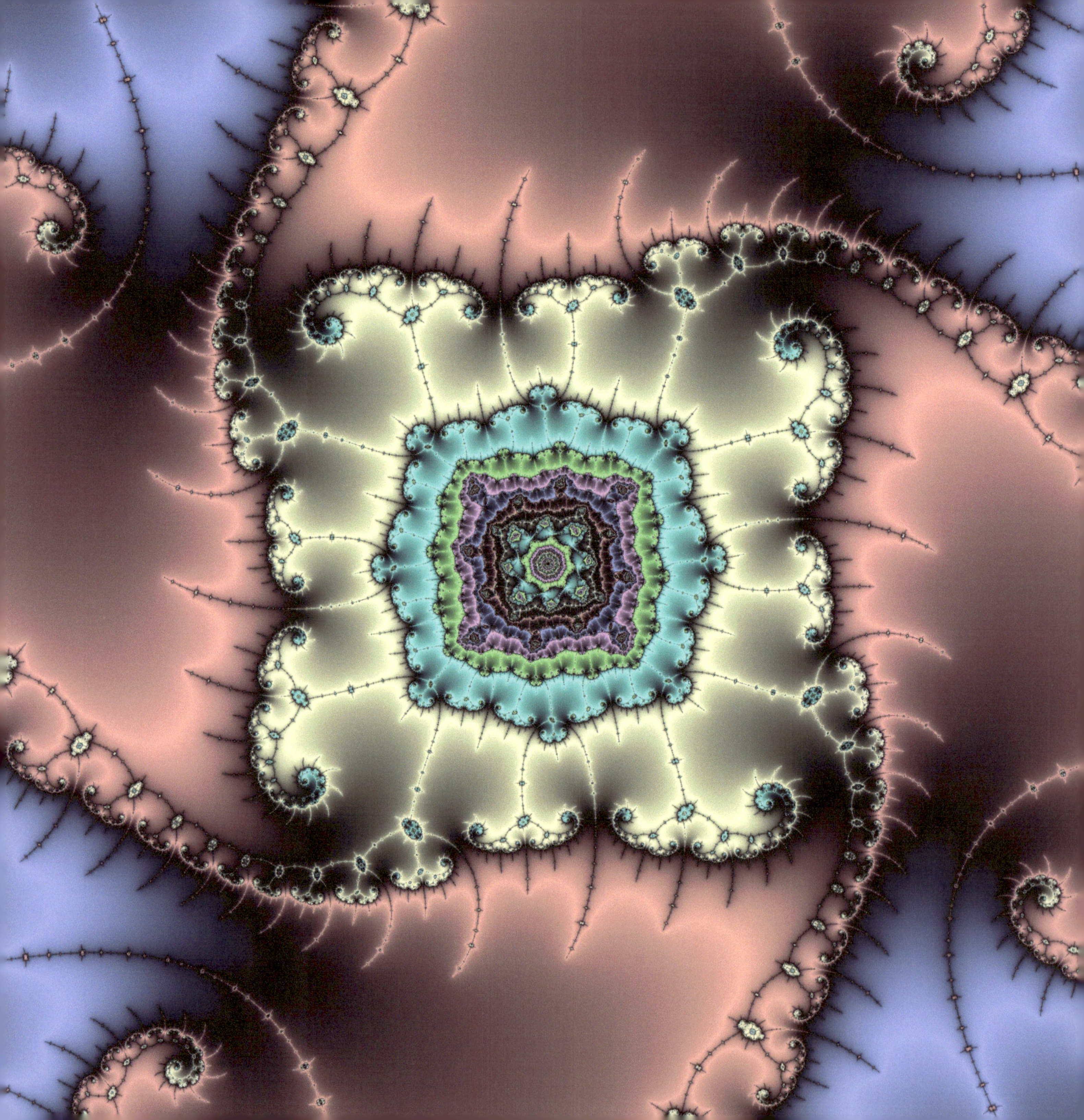

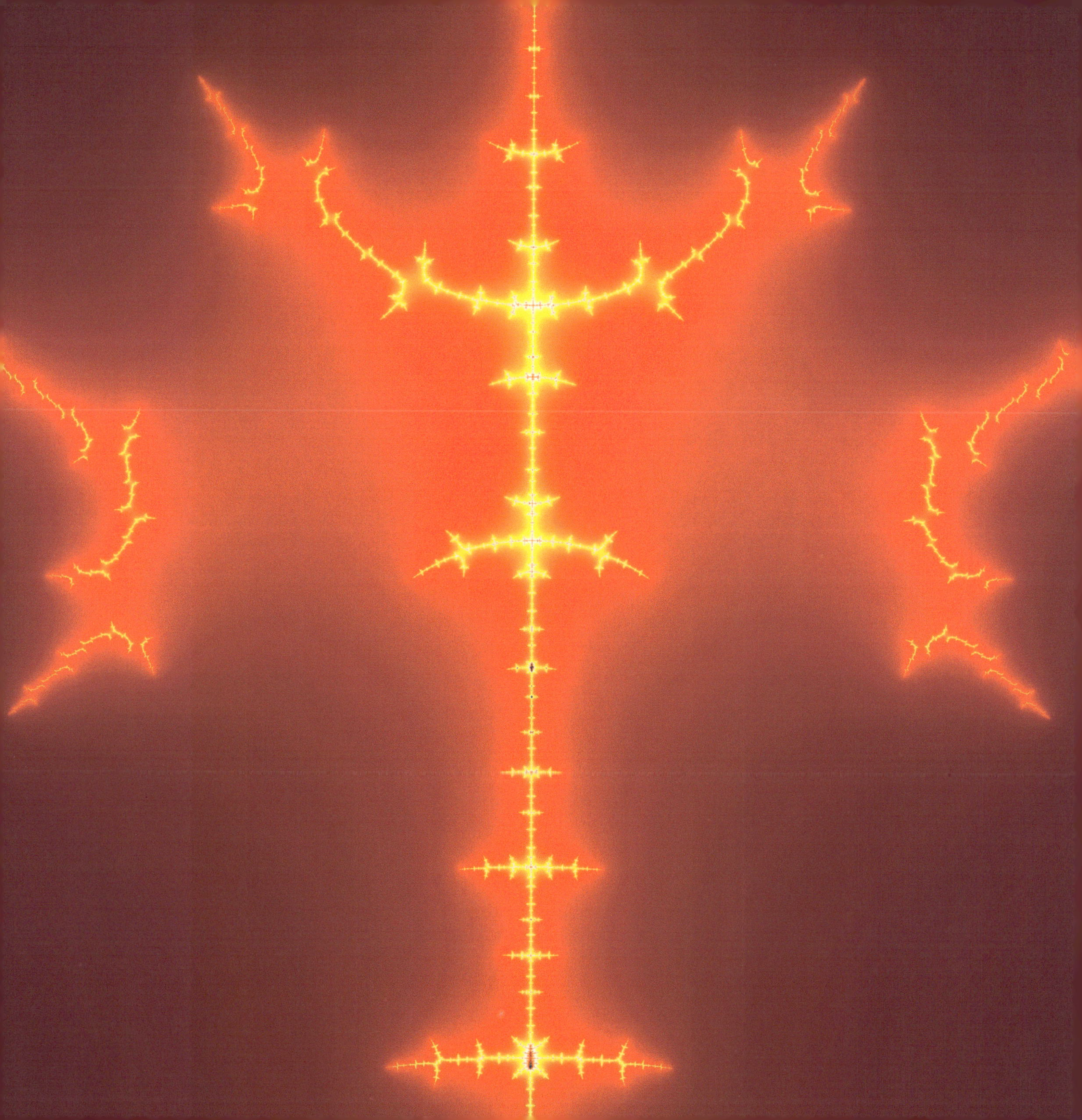

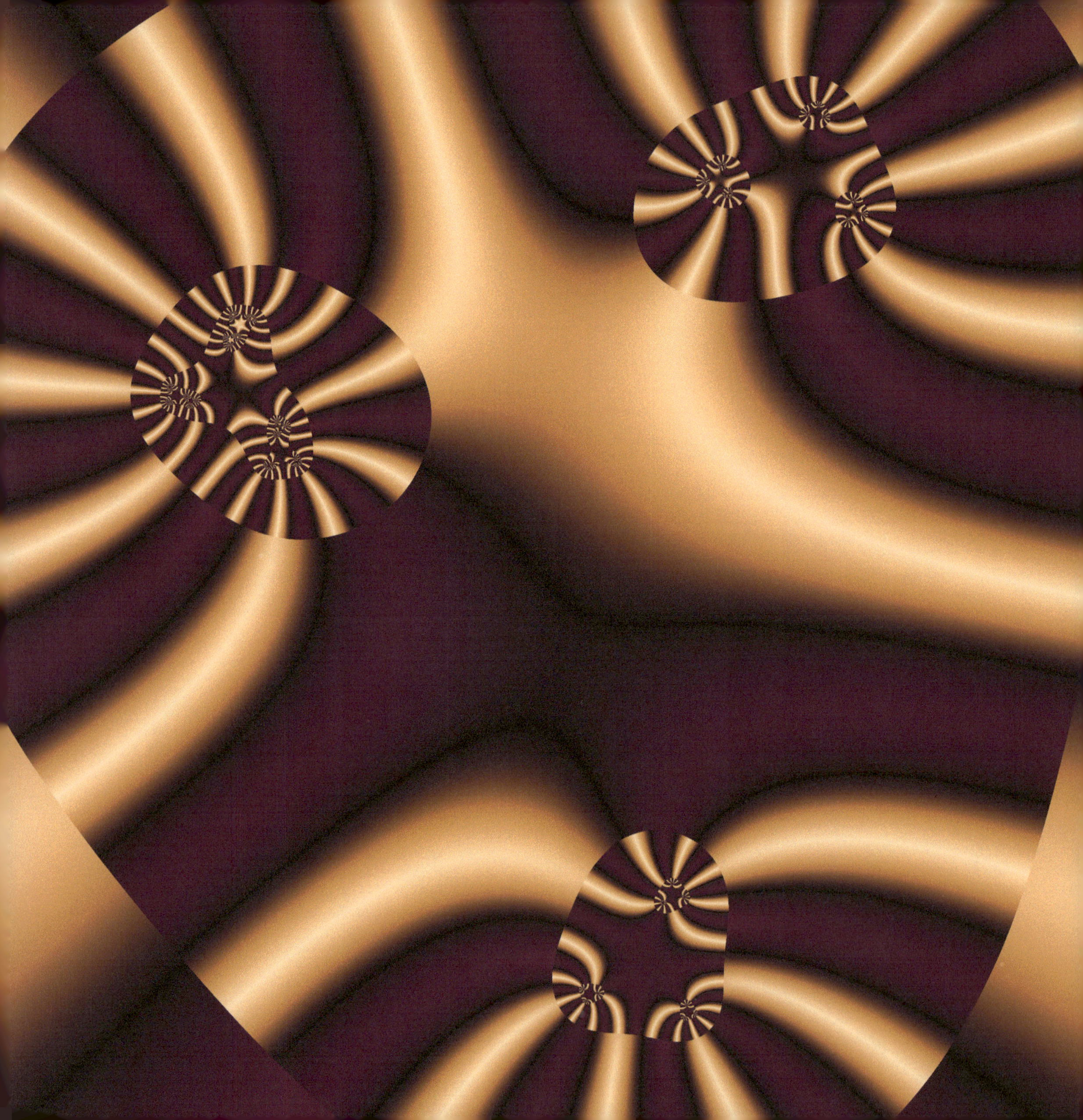

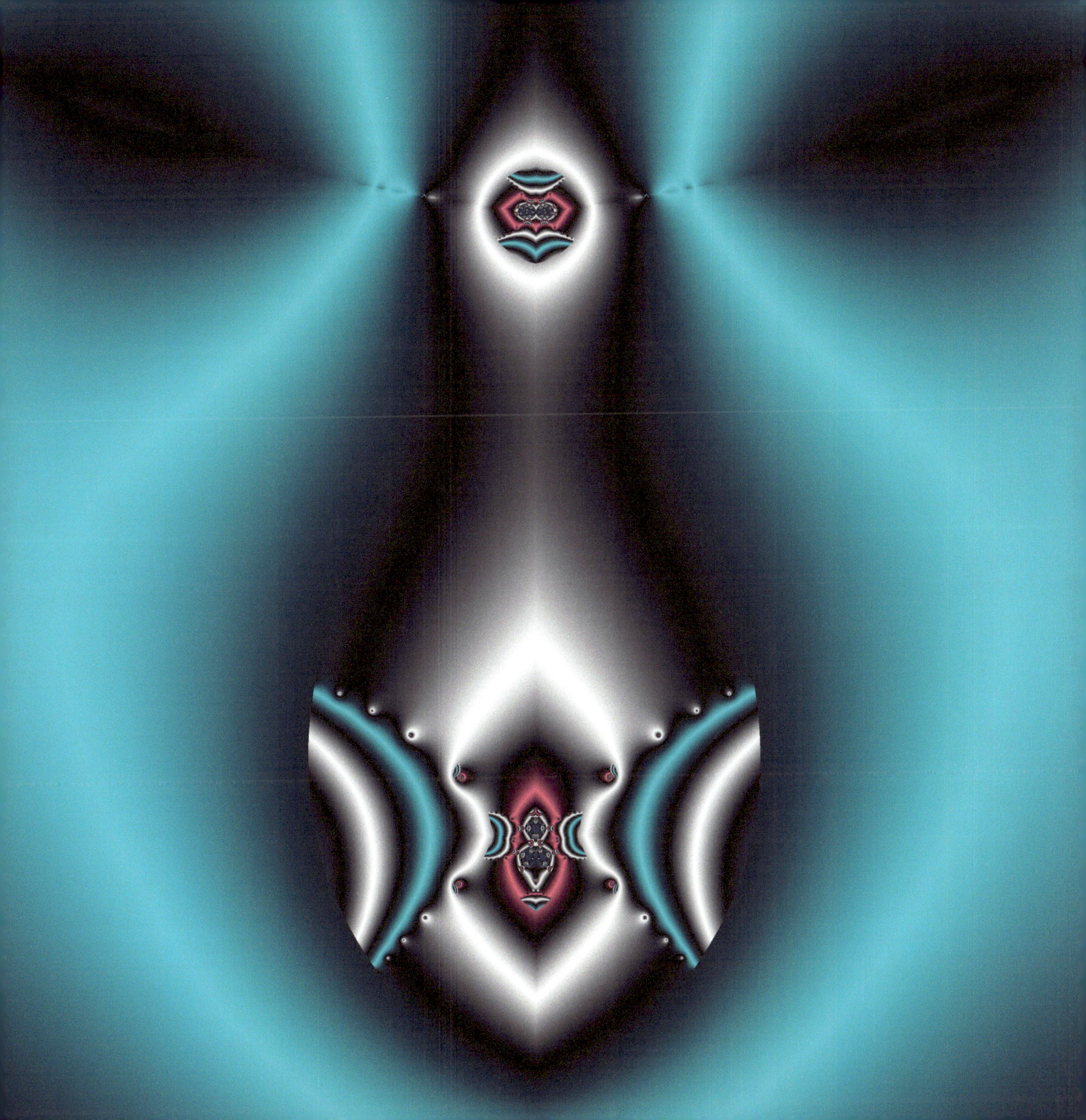

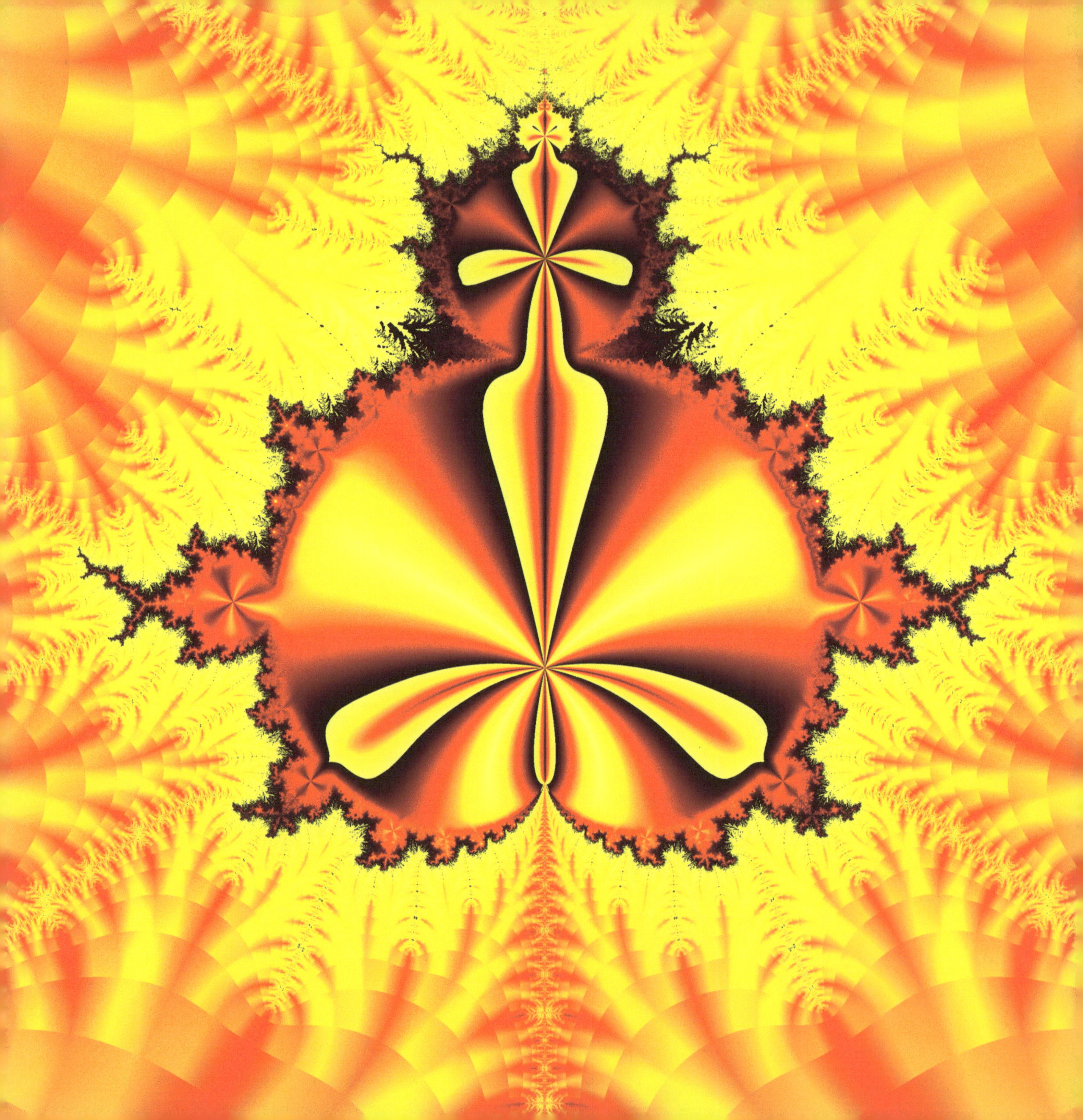

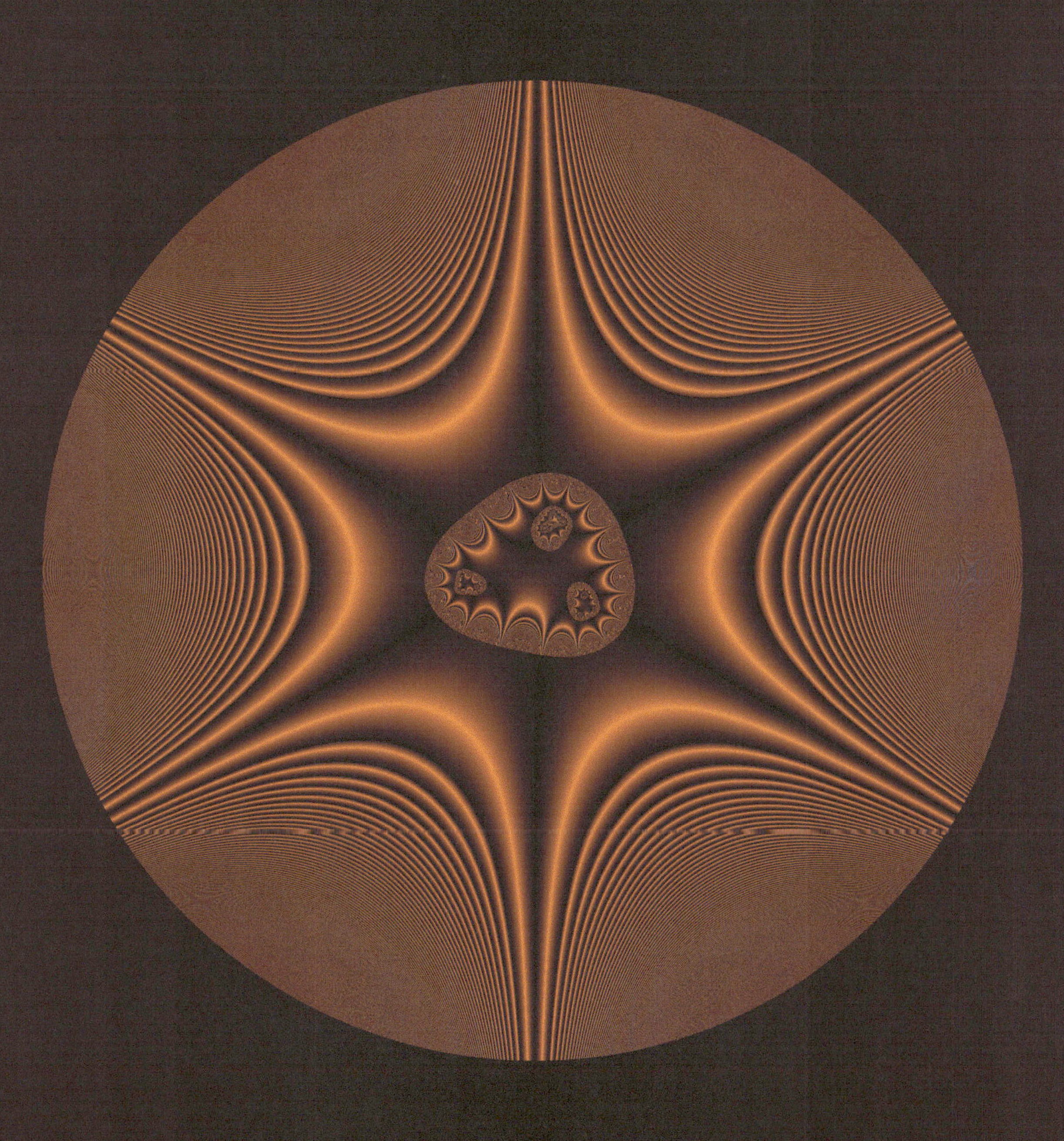

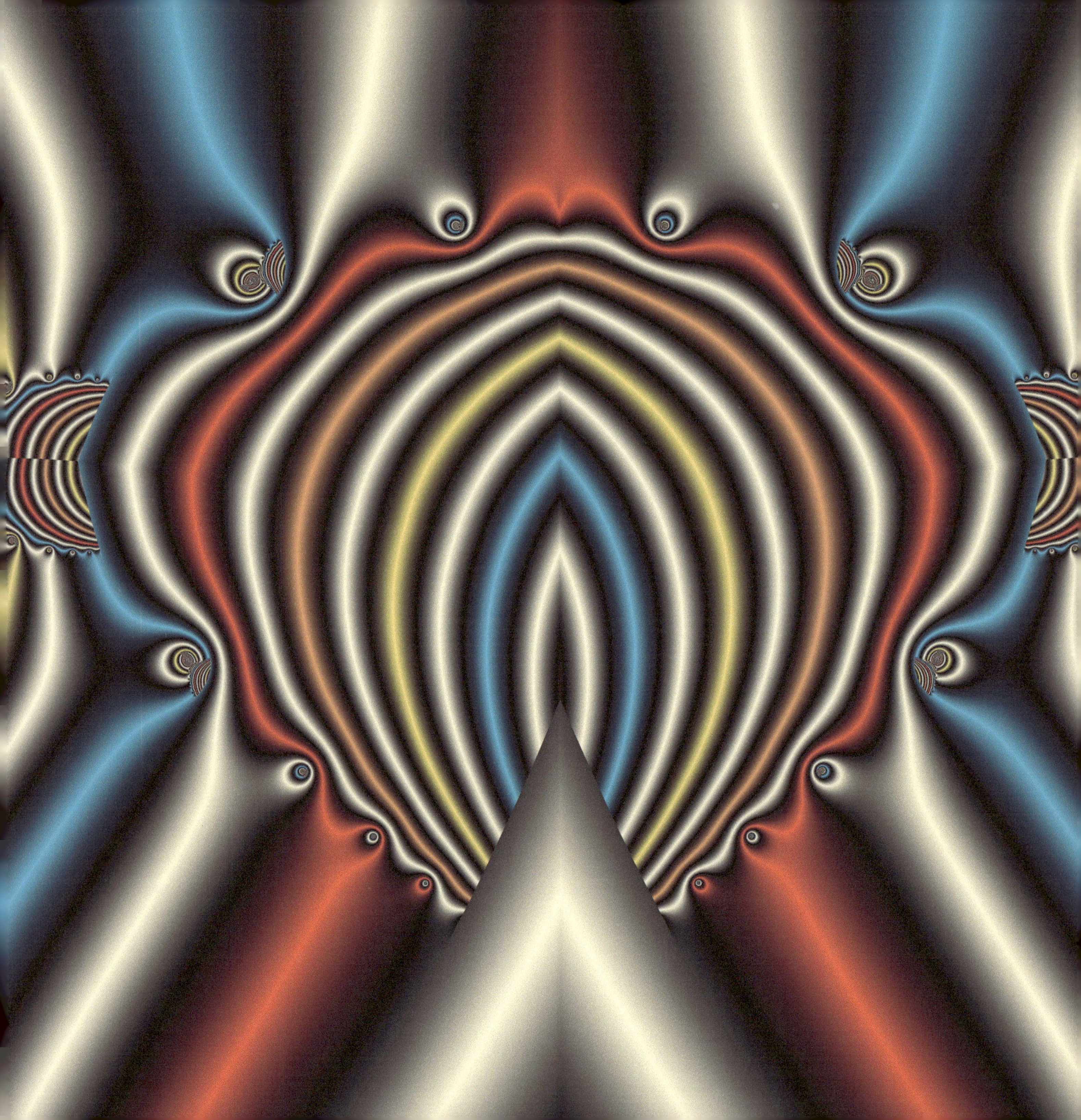

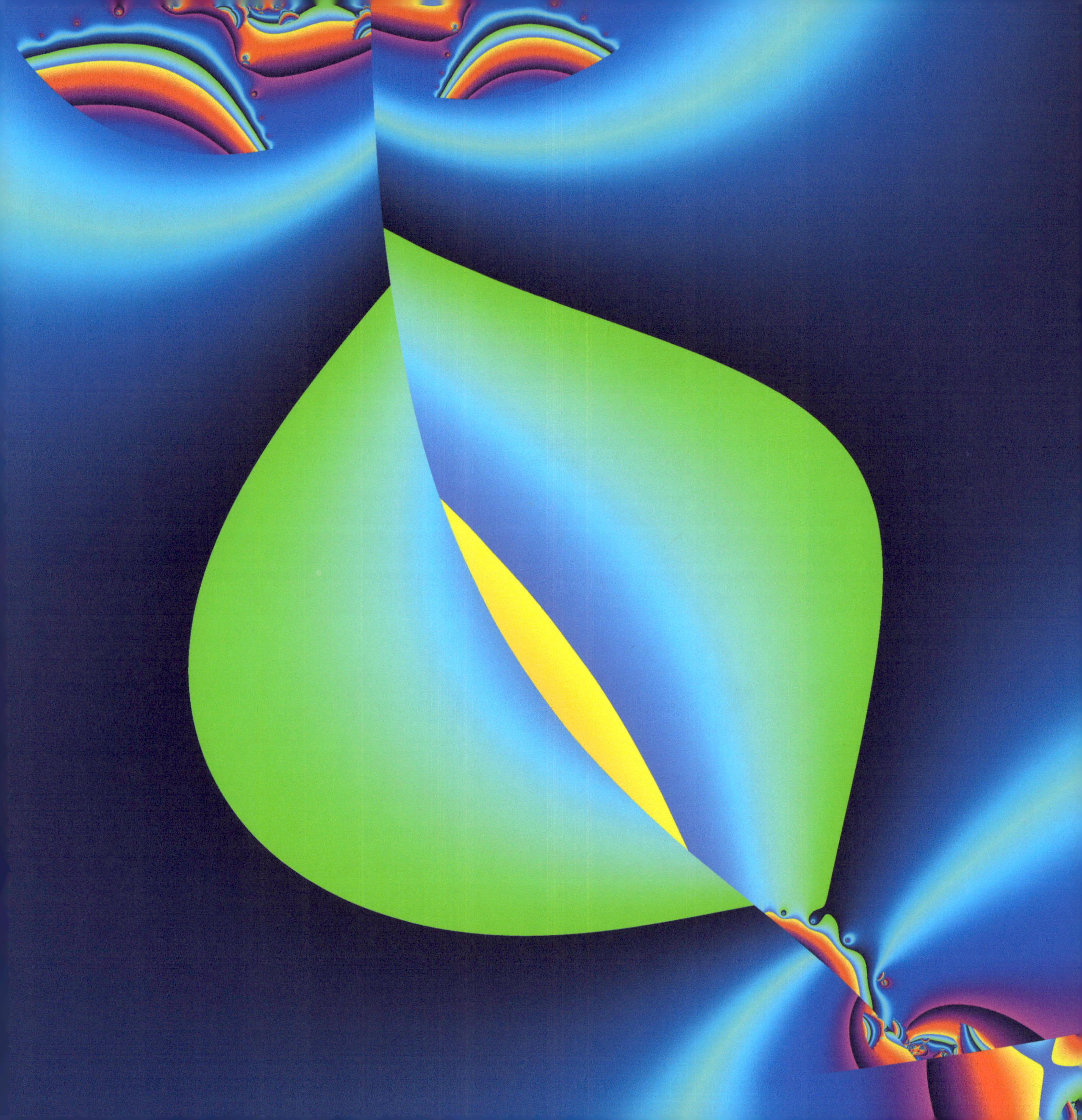

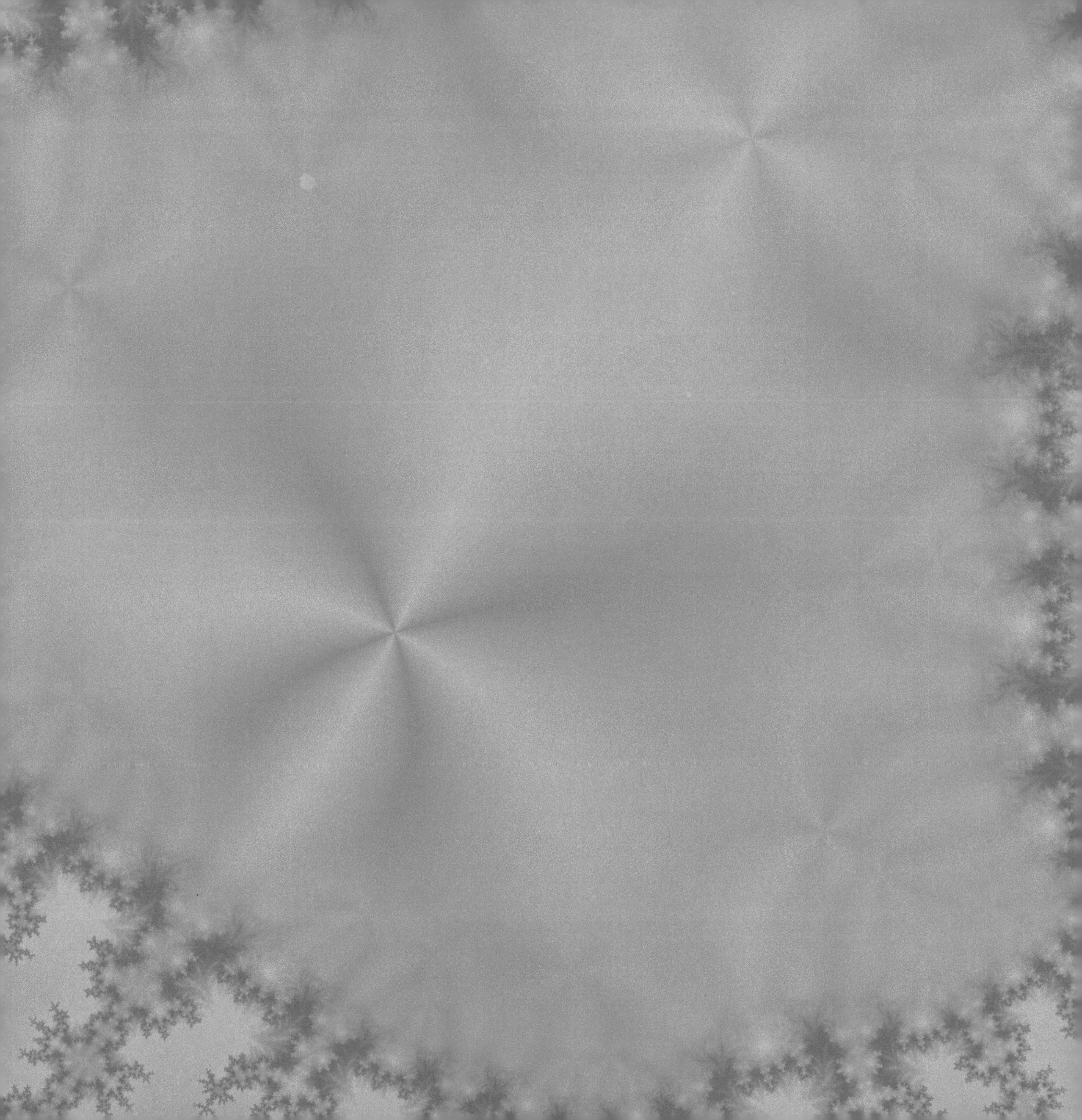

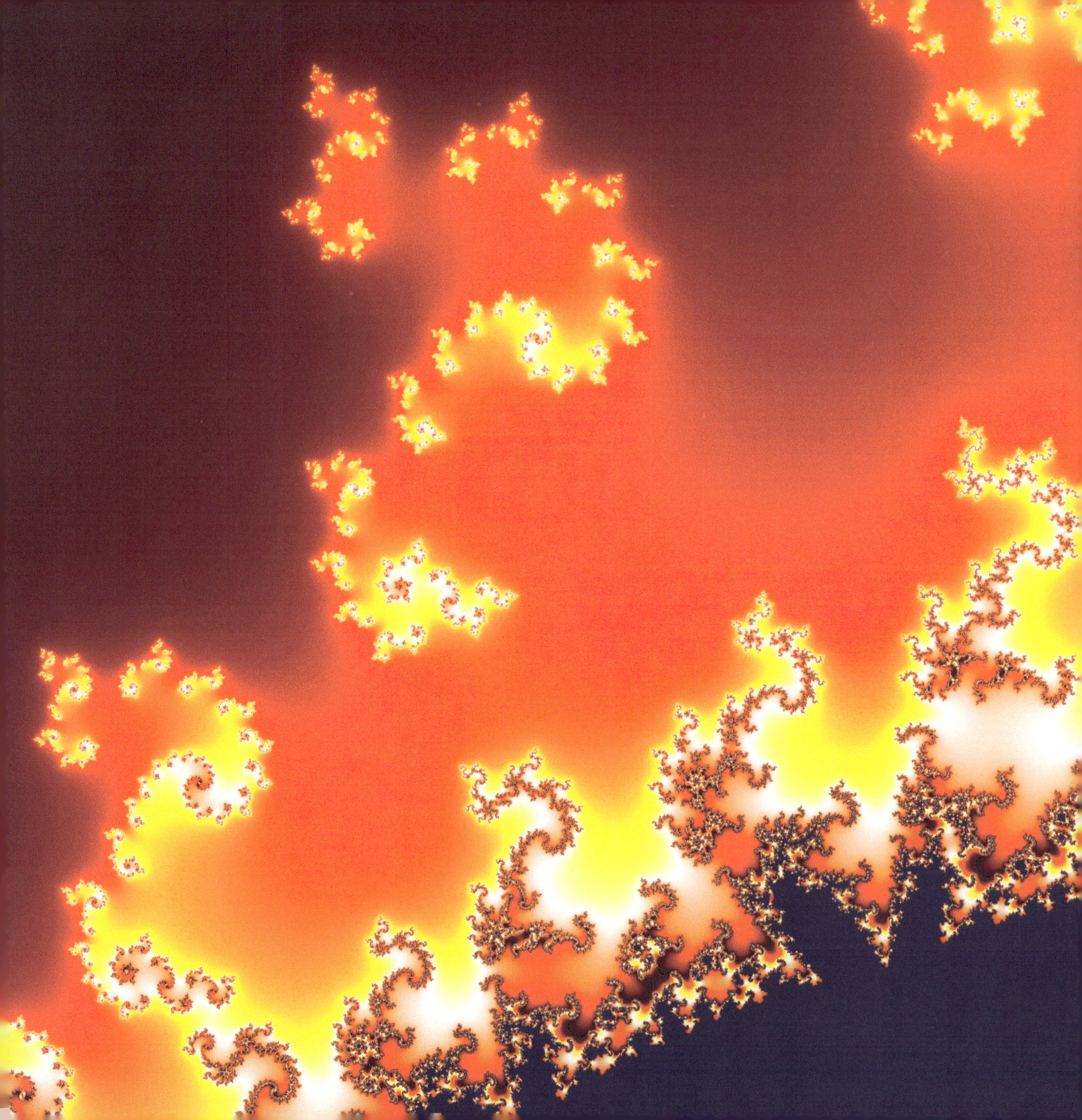

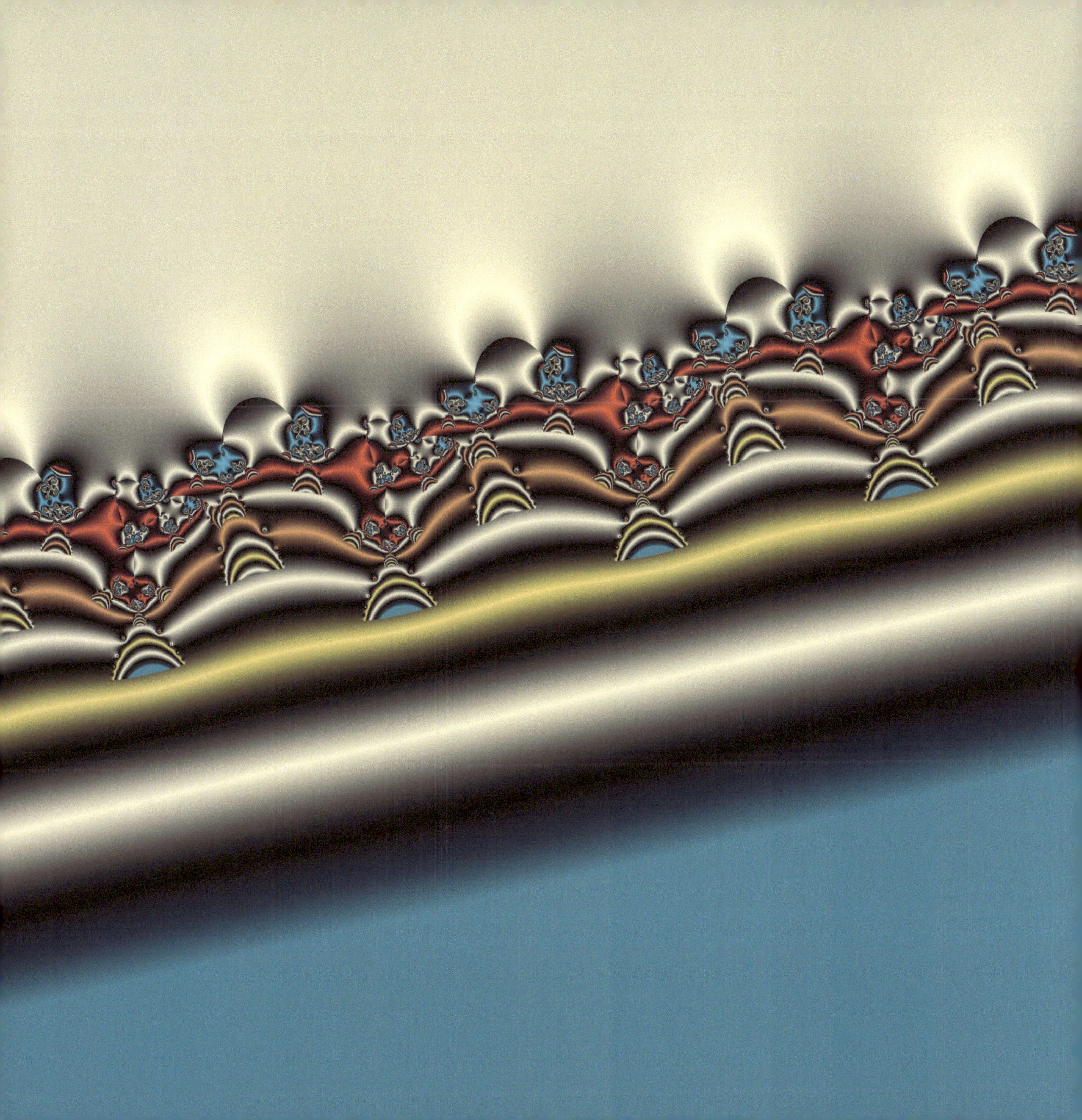

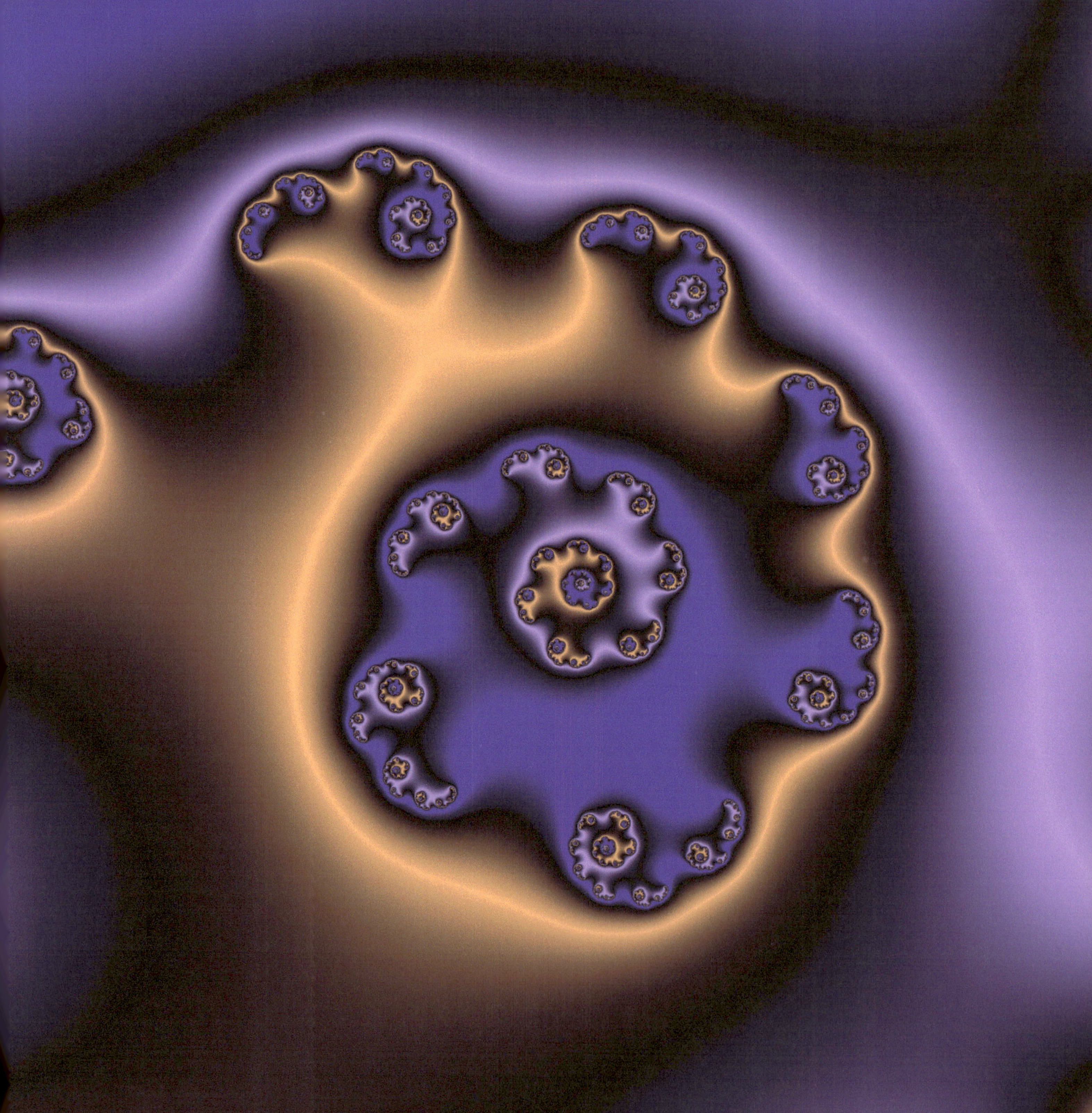

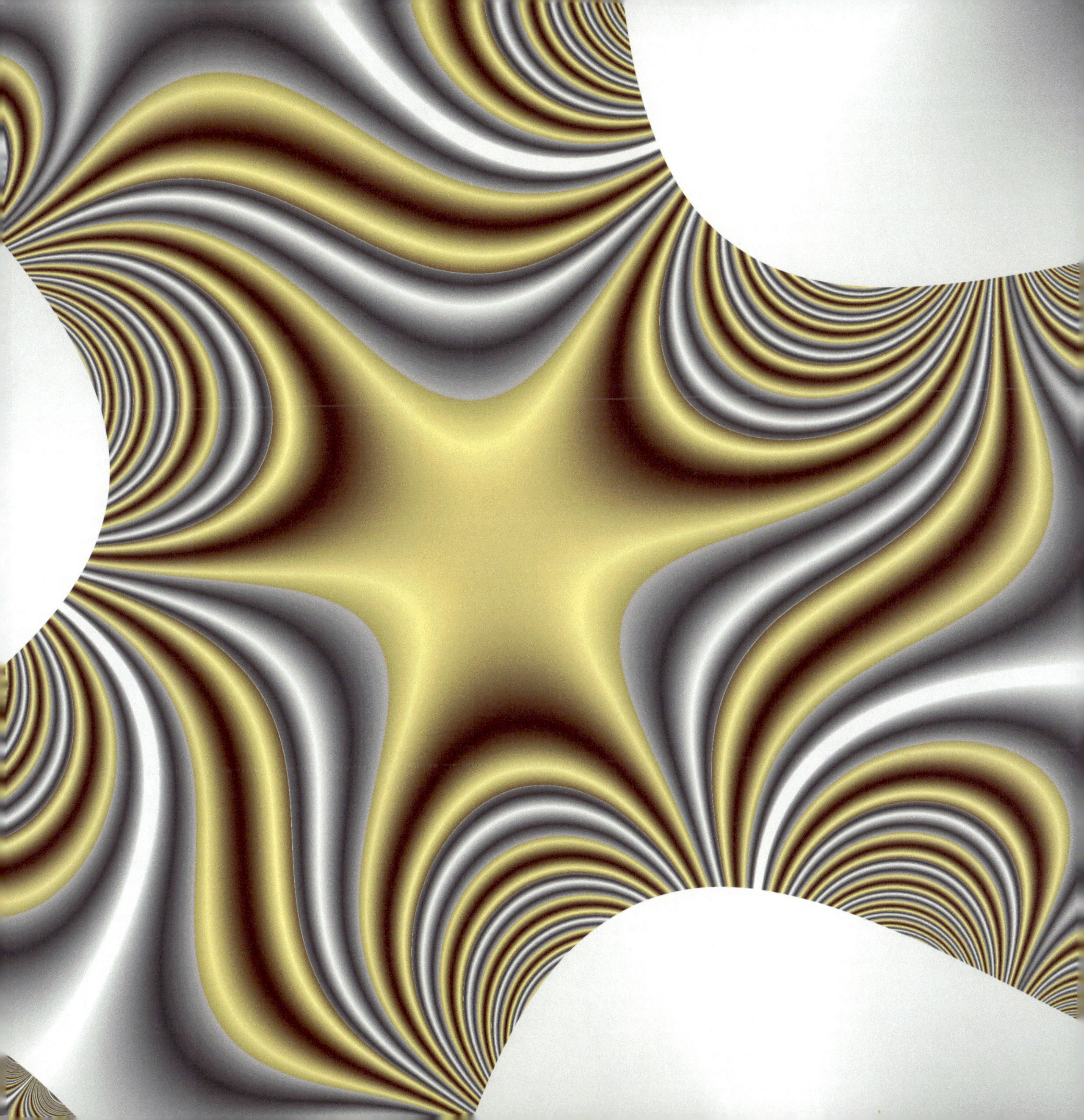

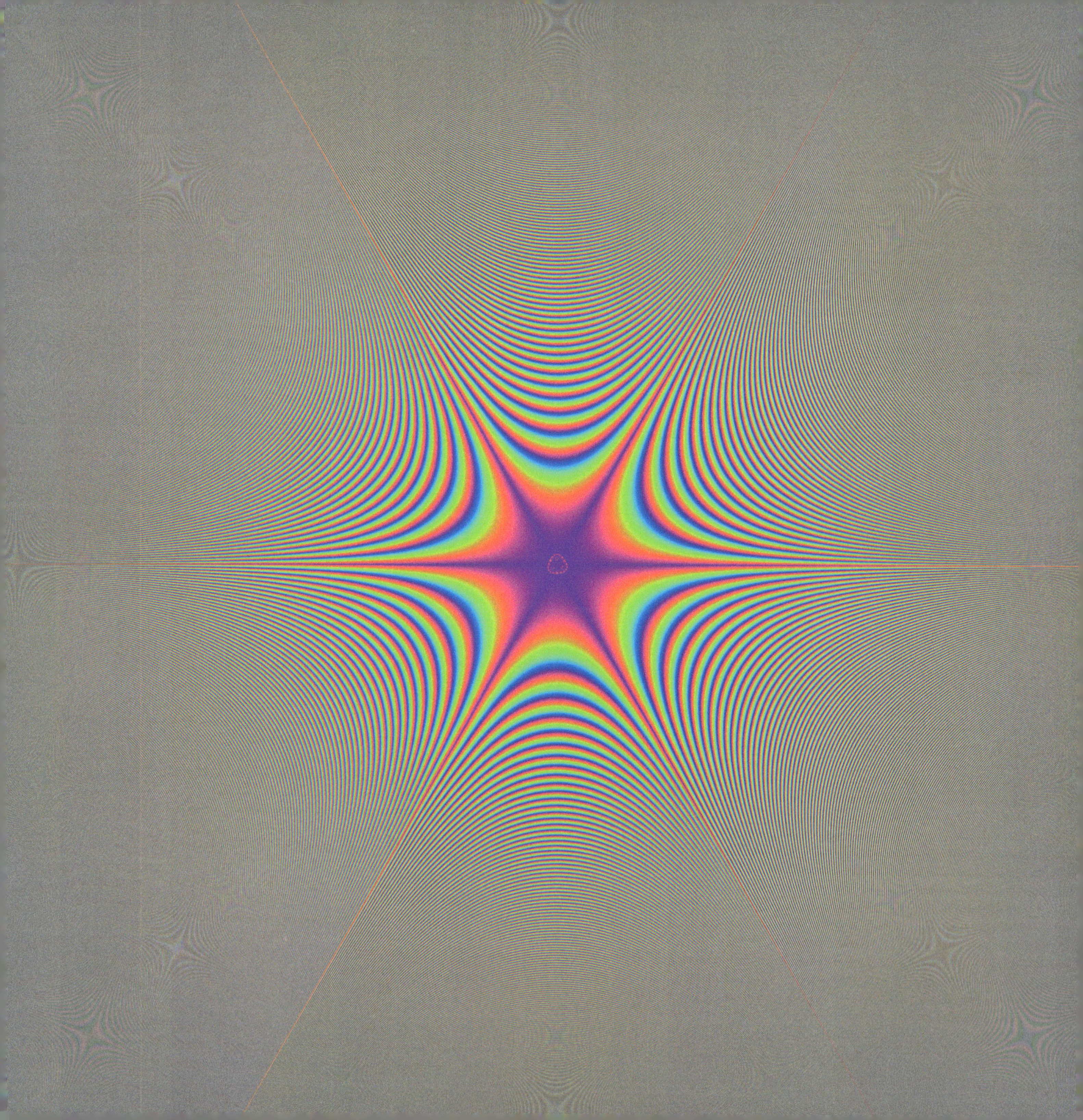

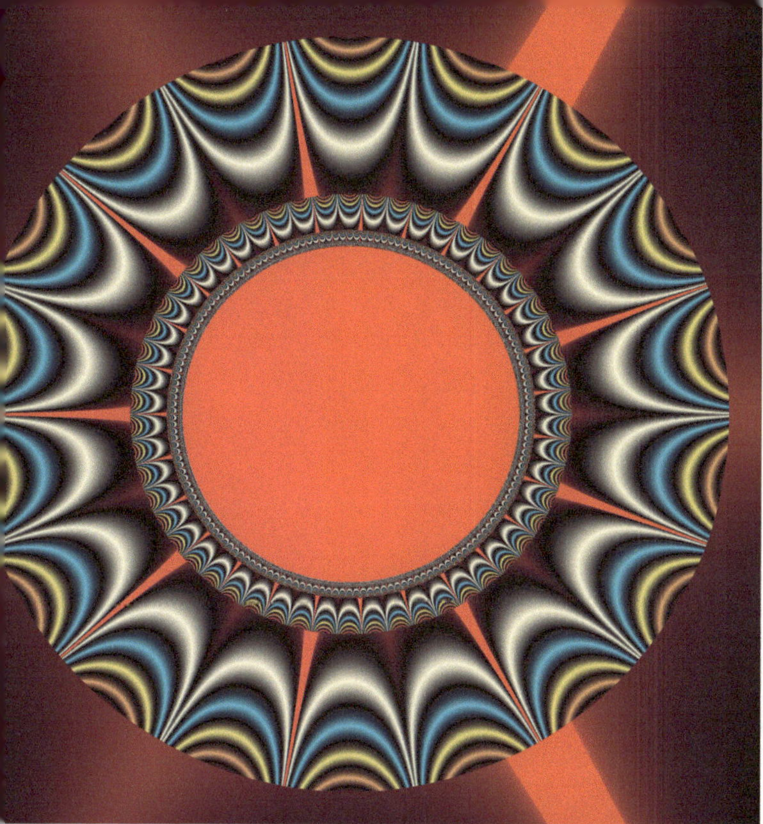

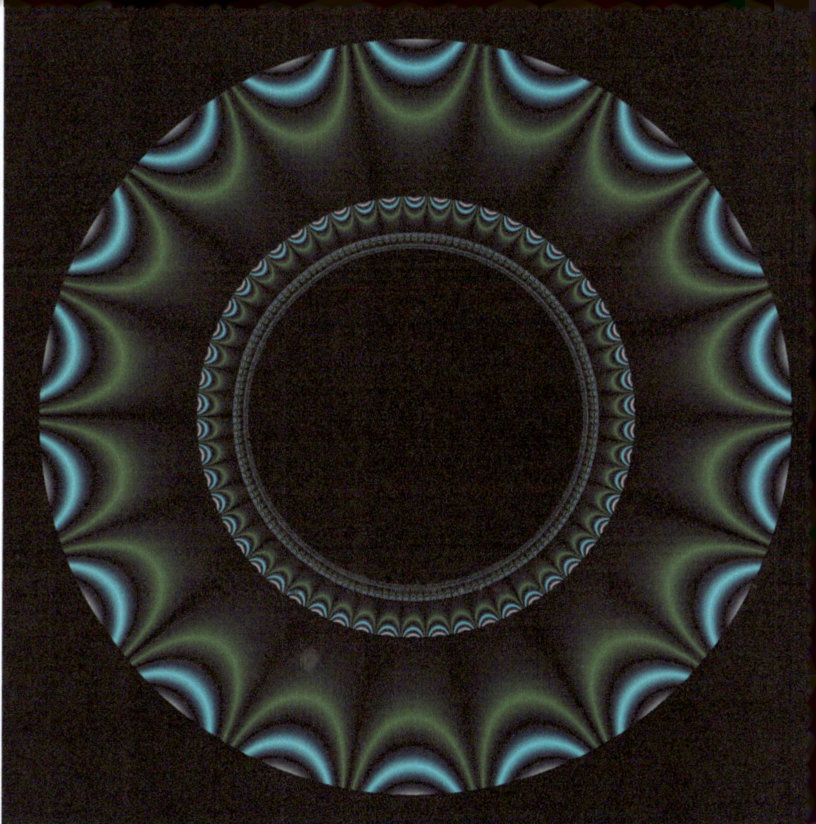

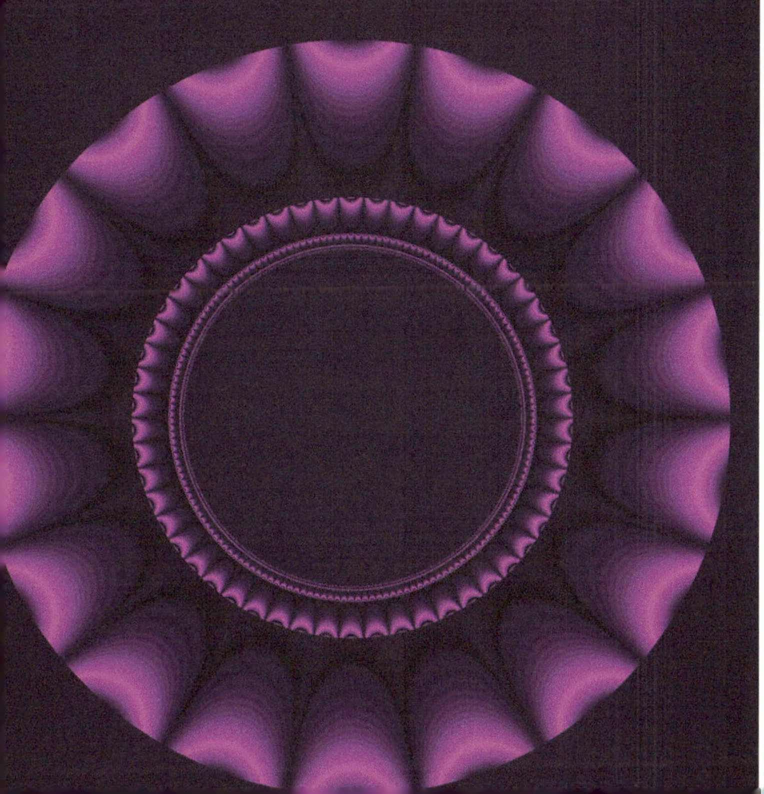
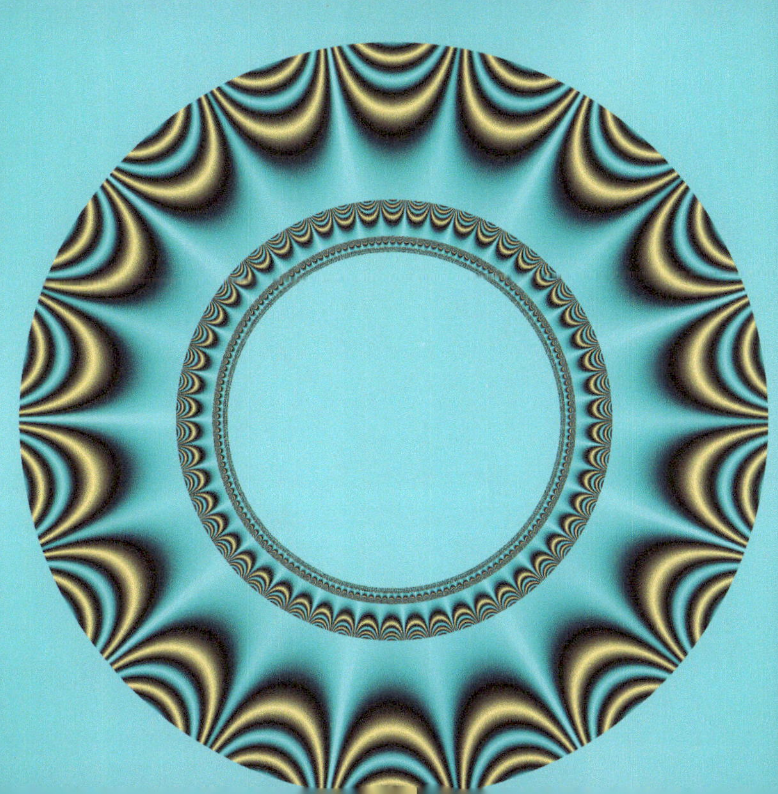

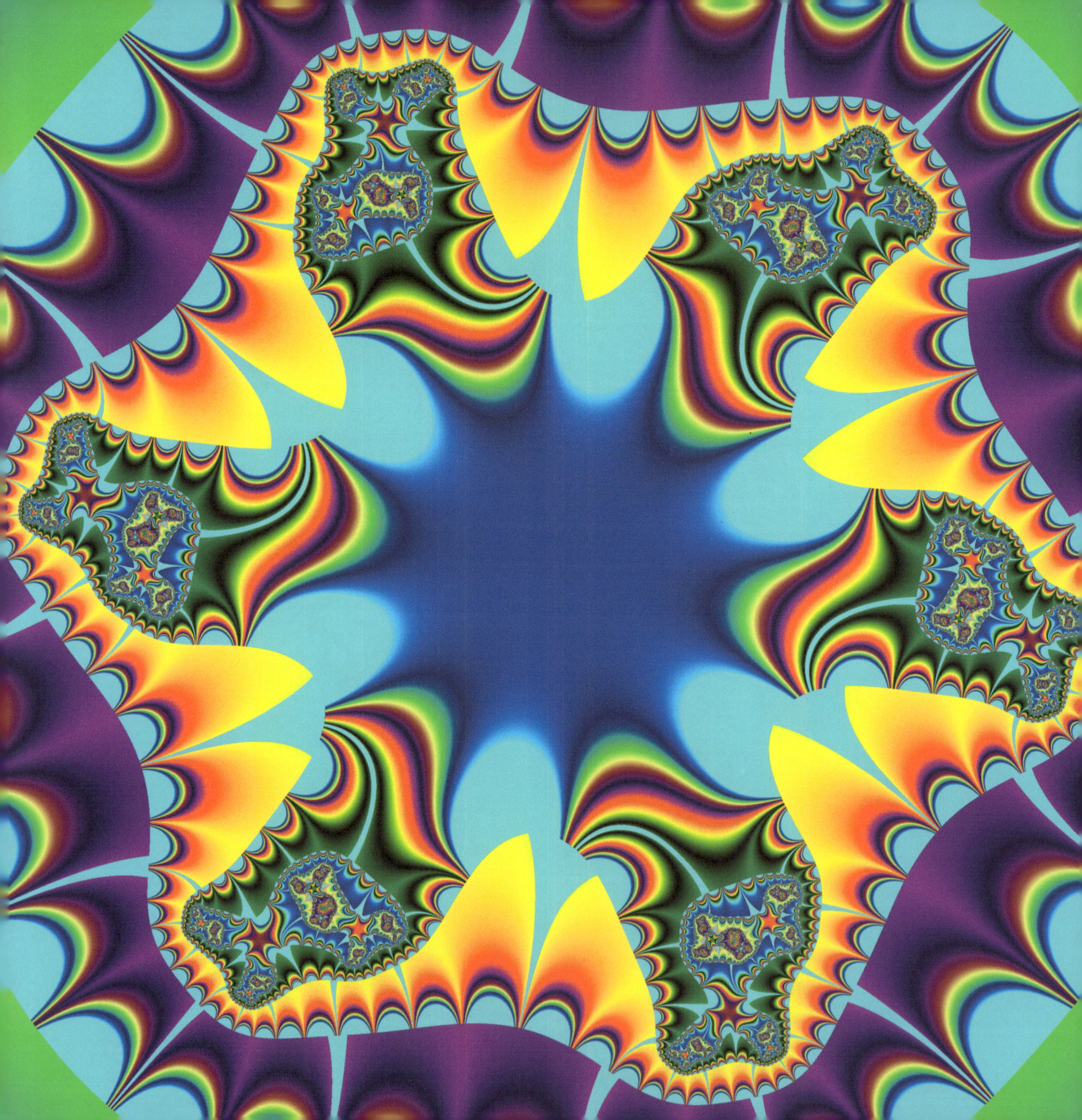

www.ingramcontent.com/pod-product-compliance
Lightning Source LLC
Chambersburg PA
CBHW042119030726
47599CB00002B/278